特别会修心
的人这样想

张笑恒 编著

北京日报出版社

图书在版编目（CIP）数据

特别会修心的人这样想 / 张笑恒编著 . -- 北京：
北京日报出版社，2024.2

ISBN 978-7-5477-4764-3

Ⅰ.①特… Ⅱ.①张… Ⅲ.①个人—修养—青年读物
Ⅳ.① B825-49

中国国家版本馆 CIP 数据核字 (2023) 第 244657 号

特别会修心的人这样想

出版发行：北京日报出版社

地　　址：北京市东城区东单三条 8-16 号东方广场东配楼四层

邮　　编：100005

电　　话：发行部：（010）65255876

　　　　　总编室：（010）65252135

印　　刷：三河市祥达印刷包装有限公司

经　　销：各地新华书店

版　　次：2024 年 2 月第 1 版

　　　　　2024 年 2 月第 1 次印刷

开　　本：710 毫米 ×1000 毫米　　1/16

印　　张：10

字　　数：150 千字

定　　价：59.80 元

前言

PREFACE

　　一路走来，我们的心越来越重。抱怨、焦虑、生气这些负面情绪，在我们的内心中占据了越来越多的空间。被负面情绪侵蚀久了，我们的心就会生病。修心，就像打扫和整理内心这个房间一样，让心变得干净、清爽、整洁。

　　修心，就是面对不公，不怨天尤人；面对欲望，不忧愁焦虑；面对冲突，不怒气填胸。如此，方能修心有成，拥有一种自然平和的心态。

　　在遇到困难时，大多数人心中或多或少都会出现怨气，埋怨出身、环境及周围的一切，更多的还是在埋怨自己。可埋怨只会让人负面情绪缠身，根本解决不了实际问题，看似在发泄，实则是将自己关在了情绪的牢笼中。

　　美国心理学家罗伯特·怀特说："任何时候，人都不能做情绪的奴隶，无论情况多么糟糕，也要努力行动，将自己从黑暗中拯救出来。"破除抱怨情绪的关键在于行动，当我们凭借不懈的努力冲破层层阻碍时，心中的怨气自然也就随之消散。对抱怨说"不"，着眼于行动，一切苦难终将过去，一切困难都将被征服。

　　生活中的不公与挫折，只不过是修行中的考验，比如，因出身低被轻视、嘲笑，因失败而丧失信心和勇气等。既然这些事情无法避免，那就不如积极面对，改变自己，去争取我们想要的一切。

　　当欲望缠身时，焦虑就成了生活的常态。我们总是会问："为什么我不能什么都要？为什么别人总比自己强？"其实答案就在我们自身——我们舍不得、放不下，内心太过贪婪，整日空想。想要对焦虑说

"不"，就要压制自己的欲望，同时将自己从无聊的幻想中唤醒，及时采取行动，焦虑就会慢慢消失。

在遭遇冲突时，愤怒只会让事情变得更糟。可有些人还是会忍不住发火，他们总是试图用破口大骂、乱摔东西、怒目而视来表达自己的态度，这是一种不理智的行为，尤其是为了微不足道的小事而纠缠不休。上班路上被人踩了一脚，吃饭的时候服务员态度不好……这样的事情不断重复，怒气自然会越来越大。对愤怒说"不"，就要放宽心态，以豁达的心胸去面对刁难和挑衅，矛盾和冲突。

修心就是修行，本书最大的特点是摒弃了以往案例加解析的阐述模式，开创了一种全新的风格。即采用纯漫画风格，设定了小滕、小勃、小妮、小灵等人物，通过人物还原了大量真实的生活对话场景。

本书利用各个角色的对话，帮助读者理解复杂的概念，并通过"大挑战"的方式，直观地展示何为正确，何为错误。

一幅幅简洁而妙趣横生的漫画，就像给每一篇文章穿上了精致美丽的衣裳。在令我们赏心悦目的同时，也让我们懂得如何培养一种自然平和的心态。

目录
CONTENTS

下篇 不生气

第七章 人间处处美好，何必为小事抓狂

第八章 有一种快乐叫放下

第九章 失去也是一种拥有

人物简介

小灵
爽朗大方，心细如发，容易察觉别人情绪的变化，率真而又温情。

小妮
性格活泼，但有时心直口快，有时又不太注意旁人的感受。

小滕
洞察力惊人，情商高，表达力强，有情有义有魅力。

小勃
言辞令人忍俊不禁，但有时粗心，不够细致，很多时候有点儿糊里糊涂。

上篇 不抱怨

第一章

抱怨不公，
不如努力改变自己

世界上从来就没有绝对的公平，有时做同一件事情，对别人来说易如反掌，对自己来说却难如登天。当一个人忽略掉结果背后的现实时，就容易不停地抱怨"不公平"。可事实上，与其抱怨"不公平"，不如尝试接受它，改变自己，努力争取自己想要的一切。

没有好的出身，更应该好好努力

出生在什么样的家庭，有什么样的父母，都不能预知、预定和改变。但是，我们可以通过自己的努力，去选择和掌控自己的未来。

条条大道通罗马，但有人出生就在罗马，这似乎是不公平的。一个"富二代"可能什么都不用做，就拥有了你需要奋斗几十年的财富。如果你的出身不好，就很难有资金、资源、人脉甚至经验的加持，一切只能靠自己。

"你原来是一条鲤鱼，修炼了 500 年，跳了龙门变成了龙。而我呢？原来是条泥鳅，先修炼了 1000 年变成了鲤鱼，然后再修炼了 500 年才跳过了龙门。如果我们俩一起失败，那你还是一条鲤鱼，而我可能就变回泥鳅了。你说我做事情怎么能不谨慎呢？"在上海滩叱咤风云的大佬杜月笙曾经这样对一个出身好的朋友说。

出身不同，意味着人生的起点不同。你只有加倍努力，跑得比别人更快、更久，才能赶得上别人，过上自己想要的生活。

这样的努力，还需要一个漫长的过程。你可能要先花上很多年的时间，才能弥补上一代的资源差距，然后还要再花很多年才能赶上周围的人。弥补这些先天劣势，有人需要几年，有人需要十几年，还有人需要几十年。

不过，无论什么样的出身，只要加倍努力就不会差，怕就怕那些出身比你好的人，还比你努力。你想要什么，完全可以自己去争取。哪怕你努力过后仍然远远比不上某些人的财富，但你已经比你的祖辈、父辈，以及过去的你要强很多了，这难道不是一种巨大的成功吗？

故事
没有好出身，更要好好努力

嗯，从没来过。

你是不是从来都没来过这里？

我出生在乡下，还是特别落后的地方，没机会进这么高档的地方吃饭。

看我这记性。都说公平，要我说，人从一出生就是不公平的。

是的，有人一出生就站在了你的终点。幸好，还可以靠自己的努力去争取想要的未来。

嗯，就像我奋斗了18年，才有条件坐在这里喝咖啡。关键是能坐在这里，就够了。

指点迷津
明确目标，事半功倍

是不是出身太差的人到最后都混不出什么名堂？

并不是，出身决定不了一个人的未来，现实中有很多出身差的人都获得了很高的成就。

那他们是怎么做到的？

不受出身因素的影响，拥有明确的目标且愿意为之付出不懈的努力。

当没有好的出身时，我们该如何做？

♥ 尽力而为，加倍努力

对于普通人来说，要懂得尽力而为，加倍努力，因为你没有犯错的资本，所以必须投入最大的努力，将风险降到最低。如果有人说："我没有文化要怎么努力？"那你可以去卖体力，靠体力挣钱并不代表没出息、没前途。只要脚踏实地，用心一点，手脚勤快一点，脑子灵活一点，一样有机会干出大动静来。

♥ 远离消极圈子，多接触优秀的人

如果想要改变现状，想要变得更好，就得吃得了苦，耐得住寂寞。不要目光短浅、混吃等死，要远离消极圈子，多接触比你优秀的人，多接触对你成长有帮助的人和事。当遇到难事时，不要全盘否定，要看到积极的一面、有价值的一面，而不是将时间和精力浪费在抱怨上。

态度大挑战
改变能改变的，接受不能改变的

接受不能改变的出身，改变能改变的未来，这样的心态才是最重要的。

出身，是我们无法选择的。对于大多数人而言，出生在一个普通家庭是一个大概率事件。任何时代、任何国度、任何领域，处在金字塔顶端的永远只有极少数人，人类群体的 80% 以上都处在中间阶层。当你在抱怨没有锦衣玉食的出身时，有没有想过，比起那些连饭都吃不上的人，你已经很幸运了。

不满足现状、追求上进诚然是一件好事，但也不要因此苛责自己的父母，抱怨自己的出身。我们的父母或许因为这样或那样的原因，没有站到社会的金字塔尖，但是他们当中的绝大多数，都默默为子女操劳了一生。就算你一出生就被别人甩在了身后，也并不能成为你抱怨的理由。在 30 岁以前，人的视野、经验、资源或许在很大程度上依赖于父母的代际传承；但是 30 岁以后，你已经是一个具有独立人格的成年人了。此时，再去抱怨自己的出身不公似乎已经没有必要了。就算你没有好的出身，但你还有时间去拼、去闯、去大展拳脚。

接受你的出身，想办法改变能改变的。如果你真的想做某件事，除了你自己，谁也拦不住。虽然"有人出生就在罗马，有人生来就是牛马"，但是别忘了最关键的是——条条大道通罗马。

💡 接受不能改变的出身

你会不会因为自己是农村出身感到自卑？

以前会有这种感觉，觉得自己既没背景也没见识，和别人在一起净出糗，恨不得找个地缝钻进去。

现在呢？

现在，我倒是没什么感觉了。出身好只是一种额外的优势，关键还得看自己怎么努力。

💡 改变能改变的未来

听说没？咱们班小雅签约了市里的知名企业。

那有什么好奇怪的？人家爸爸给力呀，不像咱们的爸爸，只是个农民。

没有好爸爸，未来靠什么？

我们改变能改变的吧。没有好爸爸，我们以后努力当个好妈妈，哈哈！

学会适应环境，而不是抱怨

当遇到问题时，有的人总是习惯于抱怨环境。可环境并不会因个人意志而改变，想要更好地生存下去，就要懂得改变自己，去努力适应环境，而不是沉浸在抱怨当中。

职场中，很多人都遇到过这样的人，他们经常抱怨："什么破公司，整天弄这个、弄那个，烦死了！"甚至还会说："此处不留爷，自有留爷处。老子不伺候了！"但等到他们真的换了一家公司，换了一个环境，大都会发现环境还是如此。

我们要学会适应而不是抱怨不利的环境，因为抱怨解决不了任何实际问题。

有一老一小两个相依为命的盲人，每天靠着弹琴卖艺维持生活。盲人老师父在临终之际拉着小徒弟的手说："孩子，我这里有个秘方，可以让你重见光明。我把它藏在琴里面了。但是，你需要在弹断第 1000 根琴弦的时候打开才有用。记住，一定要认真弹才行。"小徒弟流着眼泪答应了师父。

一天天过去了，盲人小徒弟谨记师父的遗嘱，不断地弹琴。当他终于弹断第 1000 根琴弦的时候，当初那个弱不禁风的少年已经成了技艺高超的大师。他按捺不住内心的喜悦，打开琴盒取出了秘方。可是，别人却告诉他，那只是一张白纸，上面什么也没有。泪水滴落在白纸上，他却笑了，这一刻他确实"看见"了，他"看见"了师父的良苦用心。

在"秘方"的指引下，小徒弟坦然接受了命运的不公，在漫无边际的黑暗和苦难煎熬中，怀抱希望，苦练琴艺，最终过上了他能过上的最好的生活。

故事
不能改变环境，便去适应

到新公司上班的感觉怎么样?

别提了，净是一些糟心事。

天天抓考勤、开会，也不知道领导为什么一句话总是翻来覆去地说。

怎么了? 和你想象的差很多吗?

很正常，每个公司都有自己的文化。

整天就对鸡毛蒜皮的小事上心，工作流程太烦琐了，根本就没效率。

说得也是，我以后就和前辈们好好请教一下吧。

不如努力适应，你总不能让公司因你而改变。

调整认知，适应环境

> 为什么我总是无法融入新环境？

> 因为你没有去主动适应环境，而是在等着环境适应自己。当你遇到各种各样的问题时，就只剩下了抱怨。

> 那我该怎么做？

> 调整自己的认知，从行动上做出改变，让自己去适应环境。

如何更好地融入职场环境？

◉ 学习适应环境，而不是抱怨不公

职场本就不是一个绝对公平的地方，更不是一个你付出了多少努力，就能得到多少回报的地方。当你觉得别人没有能力只靠资历就身居高位，而你却做不到时，最大的原因可能并不是环境不好，而是你并没有你以为的那么优秀，你的实力还远远不够。所以，努力适应环境吧，只有这样你才能更快地掌握规则，坐到你想要的位置。

◉ 无论身在什么团队中，都不要挑战既有的职场规则

不管在什么公司里，处在第一梯队的往往是制定规则的人；处在第二梯队的是掌握规则的人；处在第三梯队的是适应规则的人。一个人只有适应职场规则，才能干得越来越好。但是很多年轻的职场人，尤其是那些刚步入职场的大学生，往往心比天高，为了展现自己所谓的能力，去挑战一些既有的职场规则，结果就是碰得头破血流，错失了职业发展的良机。

态度大挑战
想要改变环境，先让自己变强大

我们想要改变环境，就得先让自己变得足够强大。你越强大，世界才越公平。很多人喜欢抱怨环境不好，但他们从来没想过——是不是自己的能力决定了自己只能待在这样的环境中呢？

很多时候，环境和能力总是相匹配的，你想要改变环境，就要努力提升自己的能力。抱怨除了影响自己和身边人的心情外，没有任何作用，努力提升自我才是最实际的办法。

当你在羡慕身边的朋友、同事能够在那么好的环境中工作，并且有机会提升自己时，你可能不知道他们背后默默付出的努力。

你看不到他们整整一年几乎没有任何娱乐活动，基本都在加班中度过；你也看不到他们往往都是第一个到办公室，最后一个才离开；你更加看不到他们周末还在家里看书学习，努力提升自我。正是因为他们付出了别人无法想象的努力，提升了自我能力，才最终跟过去的环境说了再见，抵达了更好的新环境。

💡 提升能力以适应环境

听说你这次拜访客户不太顺利？

嘻，别提了。客户只会讲当地的方言，我一句都听不懂，根本没办法交流。真不知道他们怎么想的，也不学学普通话。

❌

听说你这次拜访客户不太顺利？

是的，对方只会讲当地的方言，沟通很麻烦。听说你是本地人，抽空教我点方言呗。

✓

💡 调整认知以适应环境

这里荒山野岭，条件有限。

这床也太硬了，能睡人吗？你就不能找个好点的店？

❌

你倒是什么也不挑，这么硬的床能睡着吗？

多住几天就适应了，再说，睡硬板床的好处可不少呢。

✓

当一扇门关上时，另一扇门就会开启

一个人的缺陷并不会阻碍其成功，只有过分在意缺陷，不计后果地弥补缺陷才会让人离成功越来越远。当我们发现自己在某方面的能力远逊色于他人时，没必要纠结于此，不妨找到自己擅长的，尽力发挥自己的优势。

生活没有旁观者，我们每个人都是生活舞台上的表演者，都有属于自己的位置。当一个角色不适合你时，还会有另一个角色适合你去演。不要因为一时的不如意就自暴自弃，只要你站在舞台上，总会有你大放异彩的时刻。

澳大利亚著名的演说家尼克·胡哲，是一个身患短肢畸形的残疾人，他天生就没有四肢，只有左腿下边有一个小脚趾。6 岁那年，他靠着这仅有的"小鸡脚"学会了写字、游泳、敲电脑。10 岁那年，他在自杀未遂后重新开始拥抱生命。19 岁那年，他开始打电话推销自己的演讲。在推销失败 52 次之后，尼克获得了一次机会，就此开启了他热爱的演讲生涯。他将自己的励志故事分享给大家，带给无数人"永不设限，超越自己"的正能量，最终成为一位身家过亿的著名演说家。

你很难想象这样一个连生活都不能自理的人，是如何一步步接纳自身缺陷，寻找优势，发挥才能，最终取得巨大成功的。

我们要相信：当一扇门关上时，另一扇门就会开启。你失去一样东西，必然会在其他地方收获另一样东西。你只要有乐观的心态，敢于探索，勇于尝试，坚持努力，就一定会找到那扇已经开启的大门。

故事
柔道中最难的一招

先生，我只有右手，能和你学习柔道吗？

可以，但是你所有事情都要听我的。

师父，你3个月只教了我一招，我已经练得很好了。我们什么时候学习其他招式？

师父，我会不会打不过他们？我好紧张。

相信我，你只需要这一招就足够了。

放心，你只要瞅准时机使出平时练习的那一招就行了。

因为，这一招是柔道中最难的一招，对付这一招的唯一办法就是抓住对手的左臂。

师父，我只有一只手，为什么只凭一招就打败了所有人？

指点迷津
是劣势，也是优势

我太倒霉了，本来能出国留学的，可家里破产了；好不容易找到一份好工作，结果因为堵车，面试迟到了。

你现在怎么样？在哪里工作？

我觉得这就是，上天关上一扇门，也会帮你打开一扇窗吧。

我现在吧，自己创业，开了个网店卖家乡特产。

一个人如果过分在意自己的缺陷，就会陷入自我否定的状态，从而无法自我提升。那么我们该如何正确看待自己的缺陷呢？

首先，我们应该认识到每个人都有自己的缺陷，没有人是完美无瑕的。有缺陷并不可怕，可怕的是因此深陷在消极情绪中，自怨自艾，自暴自弃。

其次，我们应该找到自己的优点，发挥优势，才能以更平和的心态看待我们的缺陷，甚至化"缺陷"为"优势"。当我们能看到自身的优势时，我们也会变得更有信心，从而能够更加积极地去想办法摆脱眼下的困境。

最后，我们只有真正接受了自己的缺陷，才能放下心理包袱，克服不必要的焦虑和恐惧，从而更好地迎接生活的挑战。

态度大挑战
将缺陷转化为优势

　　每个人都有自己的缺陷和不足，关键是要能够调整心态，真正接纳自己的缺陷，并尽可能地将其转化为优势。

　　我们需要正视自己内心的真实感受。不要试图遮掩或逃避，而是要勇敢地面对自己的不完美，并意识到它们的存在构成了我们独特的一部分。只有真正接纳，才能真正放下。

　　我们需要倾听他人的观点和建议。当我们深陷缺陷不能自拔时，不妨听一听周围人的意见。可以与信任的人分享我们的感受和困惑，他们或许可以让我们看到自己的盲点，从而提供新的视角和思考方式，以帮助我们更好地理解和处理自身的缺陷。

　　我们需要寻找缺陷背后的潜力。每个缺陷背后都隐藏着一定的潜力，比如，一个内向的人可能更加细致入微，并擅长独立思考；一个遇事冲动的人可能更勇于冒险，行动力较高。找到缺陷背后隐藏的积极特质，我们就可以将其转化为优势。

　　我们需要制订计划和目标。接纳自身的缺陷只是一个起点，而不是终点。要迈向自我成长，需要制订相应的计划和目标，有针对性地改善和发展自己。在制订计划的时候，要考虑自身的实际情况和资源，设定合理可行的目标，并且恰当地分解目标，逐步实现。

　　我们需要持续地学习和成长。接纳自身的缺陷，并将其转化为优势，是一个不断学习、不断成长的过程。我们可以通过积极寻求知识、培养技能、掌握新技术来不断提升自己的能力。

💡 面对缺陷，调整心态

经过检查，你确实有遗传性色盲。

但我的理想是成为画家呀，分不清颜色还不如杀了我。

❌

经过检查，你确实有遗传性色盲。

我有心理准备的，没关系。如果画不了油画，我以后可以画素描。

✔

💡 面对缺陷，换个角度

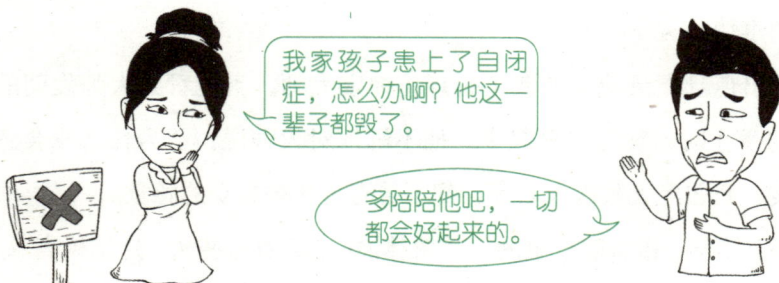

我家孩子患上了自闭症，怎么办啊？他这一辈子都毁了。

多陪陪他吧，一切都会好起来的。

❌

我家孩子患上了自闭症，怎么办啊？他这一辈子都毁了。

别太担忧，一般自闭症儿童都有特殊的天赋。那个在篮球场上，4分钟投了6个3分球和1个2分球的杰森，就曾是自闭症男孩。

✔

人生总有缺憾，不必苛求

　　一个缺角的圆，终于补上了残缺的那一部分。结果却因为滚动太快，既注意不到路上的花草树木，也不能停下来和毛毛虫聊天，于是它又果断放弃了那块补上的角。《吕氏春秋》里说："全则必缺，极则必反。"凡事不苛求，留有余地，才是人生最好的状态。

　　生活幸福并不是事事如意，而是原谅生活的不如意。人生总有缺憾，心态决定一切，接受生活中的不如意，就是要从容淡定地去面对一切与自己意愿不同的事情。

　　一位出色且颇具威名的武士去拜访禅宗大师，当他看到大师俊朗的外形和优雅的举止时，突然自卑起来。他不解地对大师说："为什么我会感到自卑和沮丧？我曾经无数次面对死亡都不曾有过这种难受的感觉。"

　　大师笑了笑，指着院子里的一片树林说："看看这些树，这棵树高耸入云，而它旁边这棵还不及它的一半高。这么多年了，你知道为什么小树从来没觉得自卑吗？"武士不假思索道："因为它不会比较啊！"大师微笑道："这就是你想知道的答案。"

　　人生总有遗憾，不与他人比较，不苛求完美，便能省却很多烦恼。

故事
弓"满"易折

你看我这张弓，射得又远又准。

的确是一张好弓，只不过外形太平庸了，不如找个工匠雕些花纹。

区区花纹怎配得上我这张弓，要雕就雕一幅行猎图。

还是你有想法。

我要你在弓上雕刻一幅行猎图，做得到吗？

没问题，过几天您再来取就行。

怎么样？我的弓雕刻好了吗？

按照您的要求，已经雕刻完成，其中很多地方用了镂空的设计，这样看上去更加美观。

我的宝贝弓，你终于变得完美了。

小心啊！

弓臂雕刻完之后，弹性就会降低，自然无法承受您的力量。我没想到您还打算用它去射箭。

我的弓咋断了？你对它做了什么？

指点迷津
接受缺憾向前看

> 本来我有机会考上大学的，一时冲动就去创业了，我好后悔。

> 那是挺遗憾的。不过，你现在自己当老板，也挺好的。

> 一想到我这辈子都没上过大学，我就不甘心啊。

> 人生总免不了有点缺憾，还是要向前看。

如何处理人生中的缺憾？

我们要学会放下，向前看。面对人生的缺憾，不要沉浸其中，否则会让我们陷入沮丧和消极的情绪。我们要学会放下，学会从缺憾中寻找积极因素，接受和坦然面对过去的缺憾，一切向前看。

我们可以寻找解决方法，慢慢弥补缺憾。比如，如果我们因为没有学好某一门课程或者某一项技能而遗憾，那么我们可以通过自学或参加培训班的方式来继续学习。当我们通过自身的努力弥补了某项缺憾时，也会让自己变得更加自信。

我们还要把缺憾变成动力，逼自己更加努力。那些无法弥补的缺憾，我们可以用来激励自己更加努力，让缺憾变成我们前进的动力，从而让自己变得更加优秀。

态度大挑战
正确面对人生的缺憾

缺憾和不幸，是我们人生中难以避免的经历。错失良机、经历挫折、失去亲朋、失去健康等，都让我们感到难受和痛苦。如何正确面对它们，是决定我们生命质量和内心成长的关键。

◎ 接受现实

在面对不幸和缺憾时，我们首先要做的就是接受现实，因为我们没法改变已经发生的事。接受并承认我们的负面情绪，允许自己经历一个悲伤、愤怒、失望的心理过程，因为这是一个释放压力、疏导情感的有益过程。

◎ 培养积极的心态

虽然我们无法改变过去的缺憾，但我们可以选择如何看待它们。积极的心态并不意味着否认痛苦，而是以一种更广阔的视角去审视它们，并在其中寻找学习和成长的机会。比如，我们可以问自己："我能从这个经历中吸取怎样的教训？我能从中获得怎样的成长和改变？"

◎ 寻找积极的应对策略

建立健康的生活习惯，如良好的睡眠、饮食和运动习惯；学习冥想、腹式呼吸或其他自我调节技巧，以缓解压力和焦虑情绪。此外，还可以寻找一些感兴趣的活动和爱好，帮助自己进行情感宣泄和身心放松。

◎ 重塑自我

不幸的经历可能会对我们的自尊和自信心造成巨大打击，但请相信我们有能力重新塑造自己。我们要多思考自身的优点，发挥长处，寻找新的目标，重新发现自我价值和潜力，并通过学习、提升技能、投身有意义的事业等，为自己创造新的可能性，获得成就感。

化缺憾为美好念想

听说你当初的梦想是当一名音乐家。

别提了，现在的生活我一点也不喜欢。都怪家里人，当时非要我找一个稳定的工作。

听说你当初的梦想是当一名音乐家。

是呀，可惜物是人非了。但现在也不错，就当它是一个美好的念想吧。

更换参照物

没事的，个子矮又不是你的错。

又不是你，你当然无所谓了。你知道我因此受了多少嘲讽吗？

没事的，个子矮又不是你的错。

我想通了，我这个子在高个儿中算矮的，但放在矮个儿中，还算高的呢。

第二章

抱怨挫折，
不如积极面对

挫折和失败就像横在面前的沟壑，再多的抱怨，也无法填平它，更不能帮助自己跨越它。它只会一直挡在你面前，让你变得懦弱、胆小。唯有积极面对，想办法解决当前遇到的问题，才能改变现状，走出困境。

尝试把失败变成学习的机会

　　给自己的失败找借口，除了能帮自己推卸责任，逃避现实，没有任何积极的意义。失败的价值在于，我们能从中总结经验，吸取教训，从而避免下一次的失败。

　　我们总觉得失败是不好的，但是从另一个角度来看，一旦失败，必定是哪里出现了问题，这就提醒我们要从失败中找到问题出现的原因，吸取经验教训，避免下次出现同样的问题。因此，每一次失败对于我们来说，都是一次学习的机会。

　　大发明家爱迪生在经历了 1000 多次的实验失败后终于发明了灯泡。当被问到失败 1000 次是什么感觉的时候，他回答道："我不是失败了 1000 次，只是我的灯泡发明经历了 1000 个步骤而已。"而在面对蓄电池实验的无数次失败时，他也同样认为："我没有失败，我只是发现了很多种行不通的方法而已。"爱迪生从来不把失败当作失败，而是把它们看作自己探索过程中的发现。正是他对失败的正确态度，让他成为著名的发明家。

　　一件事情，从局部上来看，或许是失败的，但从整体上来看，就只是成长的一个过程。比如，某企业推出的一款新产品失败了，只代表企业的某个项目失败了，而这个失败本身却可以提升企业整体对市场的适应能力。

　　面对失败，最重要的问题是，我们从中学到了什么？只有把失败变成学习的机会，你才有可能纠正已经出现的问题，才有可能获得成长。如果我们没有从失败中学到东西，那才是真正的失败。

故事
失败的价值

糟糕，又失败了。

这已经是今天第24次失败了。

记录当前反应的结果，准备下一种试剂吧，用量和之前保持一致。

还要来？这不是无用功吗？我觉得我们还是再想一想吧。

你觉得这是在做无用功？你记住，失败也是有价值的。

失败有什么价值？在成功之前，所有的一切不都是没有意义的吗？

懂了，是我太过急躁了。

我们尝试了这么多材料，并一一记下了反应的结果，即使还没有找到最佳的材料，也已经了解了这些材料的可行性，这能够为我们后续优化反应提供很大的帮助。

指点迷津
失败 = 成功的经验

我快要疯了，又失败了。

没关系，至少你可以从失败中学习到新的东西。

别人都是学习成功的经验，失败有什么可学的？

失败不仅仅是结果，也是一种经验，它能够让我们了解到某一种方式是行不通的。这就是成功的经验啊。

如何把失败变成一次学习的机会？

首先，我们要改变对失败的错误认知。在我们既往的认知里，失败可能是一件让人感到羞耻的事情，让我们丢面子。从现在起，我们要改变这种认知，把失败当成对自己的鞭策和教育，当成一次成长的机会。正如《黑匣子思维：我们如何更理性地犯错》一书中所说："失败是生活和学习的一部分，想要逃避失败就会导致进程停滞不前。"

其次，我们要培养成长型思维。固定思维认为，人一旦失败，就是自己的能力不足，即使再怎么努力也很难改变现状。而成长型思维则认为，人是不断进步和发展的，只要吸取失败的经验教训，不断努力，就可以克服困难，从而改变现状。

最后，我们要不断试错，不断练习。一种方法不对，就尝试另一种方法，不断地尝试，总会找到成功的方法。只有不断地试错，不断地练习，我们才能把事情做好。

态度大挑战
从积极的角度看待失败

当我们经历失败的时候，我们可以从积极的角度，将它当成一件好事去看待。

○ 庆幸事情还没有变得更糟

你只完成了年度任务的 80%？幸好事情没有变得更糟，至少你完成了绝大部分任务。你磕破了皮？幸好事情没有变得更糟，你本来可能会摔断腿的！这种"幸好事情没有变得更糟"的看待失败的方式，听起来有点像在自欺欺人，但实际上却能有效改变消极心态。

○ 庆幸事情发生在现在

你的孩子期中考试考砸了？幸好它发生在现在，而不是高考的时候！你的工作出现了失误？幸好它发生在现在，而不是在年终考评前！庆幸事情发生的时间没有让事情变得更糟，就是庆幸失败没有在更关键、更致命的时刻发生。

○ 庆幸事情被及时发现

正是因为失败还没有在时间和规模上变得更糟，并且被我们发现了，便给了我们补救和采取行动的机会。比如：幸好及时发现了工作上的失误，我们还有机会在年终考评前纠正上级对自己的印象；幸好这次期中考试暴露了孩子学习上的一些问题，我们还可以在孩子高考前进行有针对性的补习。

在大多数情况下，已经出现的失败都可以被看成一种"善意的提醒"，它让我们有机会防止事态的恶化。

从失败中吸取经验

哥们儿，科目三你已经挂了4次了，要注意呀。

我有什么办法，每次都有车过来捣乱。我不考了，等等再说吧。

你只剩最后一次机会了。

放心吧，我挂了很多次，现在很有经验了。

从失败中改进方案

为什么方案又被退回了，你有没有想过到底出了什么问题？

还能有什么问题？就是甲方没事找事呗。

方案又被退回了，你好好想一想怎么改。

我这就和甲方再沟通一下，听听对方的意见。

积极想办法，问题只有被解决了才会消失

　　挫折并不可怕，可怕的是在挫折面前一蹶不振，一味用抱怨来消解痛苦，变得消极而否定自我。想要战胜挫折，需要的是努力寻求解决之法，不因一时的失利而彻底消沉下去。

　　生活中，逃避困难永远解决不了问题，越逃避问题堆积得越多，越会使自己身心俱疲。只有在遇到问题的时候，勇敢面对，积极寻求解决之道，我们才能变得越来越强。

　　嘉琪最开始在一家单位干销售的工作，加班是常事，而且还要经常学习新知识。但嘉琪觉得学习太累了，也很排斥接受新事物。朋友安慰道：“你现在的工作虽然累，但是工资高啊！其实无论在哪做事都是差不多的，付出和酬劳都是成正比的。只有把自己的能力提升上来，才能在以后遇到任何问题时都游刃有余。”嘉琪当时觉得朋友说得似乎也有点道理。

　　可是没过多久，嘉琪还是辞职了，想去找一个轻松一点的工作。结果找了好几个月都没有合适的，轻松的工作有是有，但是工资太低，嘉琪不想干。后悔不已的嘉琪这才恍然大悟地对朋友说道：“以前考虑得太少了，有些问题迟早都要面对。学习的过程虽然累一点，但我现在还年轻，不趁现在好好工作、好好学习，难道要等自己干不动了再去做吗？”

　　解决问题才是成长的过程，成长的过程原本就不会一帆风顺。逃避问题等于作茧自缚，直面问题，积极想办法解决，才能最终破茧成蝶。

故事
森林庄园被烧了

爷爷留下的这座森林庄园可太漂亮了。

这些树都是他年轻时候种下的。

你爷爷要看到，得心疼死了。

一场意外山火后

这么多树全都被烧焦了。

我对不起我爷爷……

现在哭也没用，我们还是想想办法吧。

嗯，这个主意真不错。过几年，小树苗就又长大了。

奶奶，有办法了。我去请一些人将这些烧焦的树木制成木炭，然后卖掉，用换来的钱可以买一批小树苗，重新种上……

指点迷津
问题只有被解决了才会消失

多年的努力付诸东流，为何上天对我如此不公？

天灾人祸，虽无法避免，但你依然拥有选择的权利。

什么样的选择？

积极调整心态，思索解决之法、挽救之道。问题只有被解决了才会消失，仅凭抱怨解决不了任何问题。

如何才能有效地解决问题？

◦ 分析问题的根本原因

不要只看到问题的表象，要挖掘出问题的深层次原因，这样才能找到更好的解决方案。我们在做任何事情的时候，不要只做表面工作，只站在自己的角度分析问题，而是要全方位考虑问题，从源头处解决问题。

◦ 制订详细的计划

计划应该包括目标、步骤、资源和时间表等。有了一份详细的计划，我们便可以有针对性地解决问题，同时也能够看到自己的进展。因此，我们就能更容易地实施解决方案。

◦ 向他人寻求帮助

在遇到问题的时候，寻求他人的帮助也是一种很好的选择。我们可以向朋友、家人、老师或者专业人士等寻求建议和支持。他们不仅能够直接帮助你，还能给予你灵感，增加你解决问题的信心。

想办法就会有办法

"实在是没办法!""一点办法也没有!"生活中经常会听到这样的话。当你的上司给你下达某个任务,或者你的同事、顾客向你提出某个需求变更时,你是否也会这样回答?当你这样回答时,你能否体会到别人对你的失望?

一句"没办法",似乎为我们找到了逃避的正当理由;一句"没办法",浇灭了我们思考的火花,阻碍了我们前进的步伐。

是真的没有办法了吗?还是我们根本没有好好动脑筋去想新办法?

事实上,只要我们用一种更大的视野、一种纵观全局的胸怀来看待问题,用一种灵活多变的思维方式、一种随机应变的智慧去分析问题,就不会找不到解决问题的新方法。

世界上有两种人:一种是看见了问题,只会逃避或抱怨这个问题,结果自己也成了这个问题的一部分;另一种是观察这个问题,并立刻开始寻找解决问题的办法,结果在解决问题的过程中,锻炼了自身能力,提升了自身品位。

你想成为问题的一部分,还是成为解决问题的人?成功的人并非没有遭遇过困难,只不过他们善于寻找新办法,不被困难征服罢了。

💡 下跌的股票

💡 滞销的苹果

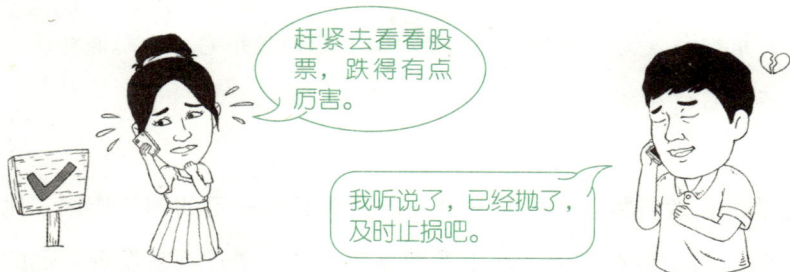

凡事多往好处想，就能看到光明

面对挫折，若是一味地沉浸在糟糕的心境中，势必会陷入痛苦的深渊。乐观一点，困难总是欺软怕硬的，你越畏惧它，它越威吓你。你若不把它放在眼里，它反而会对你恭顺、客气。

心理学研究者认为，想象对一个人的身体有着一定的调节作用。比如，一个人想象着右手放在炉边，左手握着冰块。结果通过观察发现，他的右手温度真的升高了 2 摄氏度，而左手降低了 1.5 摄氏度，由此可见想象的力量。

有位读书人，科考前连续做了两个梦：第一个是他梦见自己在高墙上种白菜，第二个是他梦见自己戴着斗笠、打着伞行走在雨中。读书人觉得很奇怪，便去找人解梦，结果算命先生说："高墙上种白菜，不是白费劲吗？戴着斗笠还打伞不是多此一举吗？你还是回家去吧！"

读书人听了心灰意冷，回店收拾行李就要回家。店老板知道前因后果后笑道："我也会解梦，我倒觉得你一定要去考。你想想，墙上种菜，不是高种（中）吗？戴着斗笠打伞不是双保险吗？"读书人一听，顿觉很有道理，于是满怀信心地去参加考试了，结果中了个"探花"！

同样两个梦，不同的心理暗示导致了两种不同的结果。同一件事，如果往坏处想，它就会越来越糟糕，好比读书人直接弃考；而如果往好处想，则会峰回路转，好比读书人一举高中。

当你为没有一双名牌鞋而苦恼的时候，你不妨想想至少你还有鞋穿；当你没鞋穿的时候，你不妨想想至少你还有双脚。生活，只要多往好处想，总能看到希望。

故事
视力恶化的作家

你现在视力下降得很厉害，想要恢复可能很难。

今天感觉怎么样？

我能忍受任何病痛，但我的眼睛绝不能看不见啊，我还要工作的。

总有一些黑斑从我眼前飘过，也不知道它们要飘到哪里去。

很遗憾，但我不得不告诉你，你的视力又恶化了。

好吧，最起码现在我还能思考，还能和别人说话，也不算很糟。

为了保留一些视力，你今年需要接受 6 次手术。为此，你的家人为你安排了一间单独的病房。

不用了，我还是住 3 人间吧。视力不好了，我更得好好练习沟通能力。

指点迷津
凡事多往好处想

滕哥，为什么无论发生什么事，我总是忍不住往坏处想？

也许有些事情没你想象的那么好，但也没你想象的那么糟糕。

我觉得也是，但我就是忍不住，我该怎么办？

那你可以先想坏的，想完坏的，再往好处想。以此培养自己多往好处想的习惯。

怎样才能做到凡事多往好处想？

我们需要保持积极的心态，看问题不能钻牛角尖，要有乐观主义精神。同样的半杯水，悲观的人会苦恼地认为"只剩半杯了"，而乐观的人则会庆幸"还有半杯呢"。保持良好的心态，会帮助我们遇事多往好处想。

我们需要养成良好的习惯，为自己制订一些计划，比如每天几点起床、锻炼多久、学习多久等，在尽可能多的生活细节上获得掌控感。

我们还可以加入一个乐观的圈子。我们都是普通人，会犯错，会消极，会不够豁达。个人的力量总是渺小的，但集体的力量却是强大的。加入一个乐观的圈子，互相鼓励，耳濡目染，我们也会逐渐变得乐观起来，实现遇事往好处想的思维转变。

态度大挑战
凡事多往好处想

◎ 凡事多往好处想，你就不会对别人的批评耿耿于怀

某人因为一句话，遭到了网友的攻击，这让他很伤心，觉得自己不被认可。朋友开导他："如果别人给你很多赞誉，你觉得合适吗？"他回答道："那我肯定愧不敢当。"朋友接着反问："那为什么别人对你的批评，你却深信不疑呢？"

不要总关注那些负面的事情，从而扰乱了自己正常的状态。凡事多往好处想，你会发现人生豁然开朗。快乐是自己选的，烦恼也是自己找的，悲观、乐观在于你看问题的方式和角度。碰上任何麻烦事，不妨先往好处想一想，然后才能真正放下自己的"耿耿于怀"。

◎ 凡事多往好处想，你就能看到事情好的一面

凡事都有两面性，有好的一面，也有坏的一面。凡事多往好处想，虽然不能改变事物本身，但可以引导我们转换视角，改善精神状态，然后以积极的心态对待不幸。这样不但可以将不幸带来的不良后果控制到最小，造成的损失降到最低，甚至还可以帮助我们找到解决不幸的方法，从而改变自身的不利处境。

当事情让你苦闷时，别灰心丧气，多往好处想一想，也许它会在将来的某一刻对你有所帮助；当事情让你烦恼时，多往好的方面想一想，说不定换个角度，它就是你上升的契机；当你发现事物有缺陷时，多往它好的方面想一想，可能它在别的场合反而会派上大用场。

面试失败后往好处想

最近面试得怎么样？找到工作了吗？

别提了，面试了6家企业，都被拒了。垃圾企业，你不要我，我还不想去呢！

最近面试得怎么样？找到工作了吗？

6个面试全部失败，看来我得好好复盘一下失败的原因了。

职业生涯意外中断后往好处想

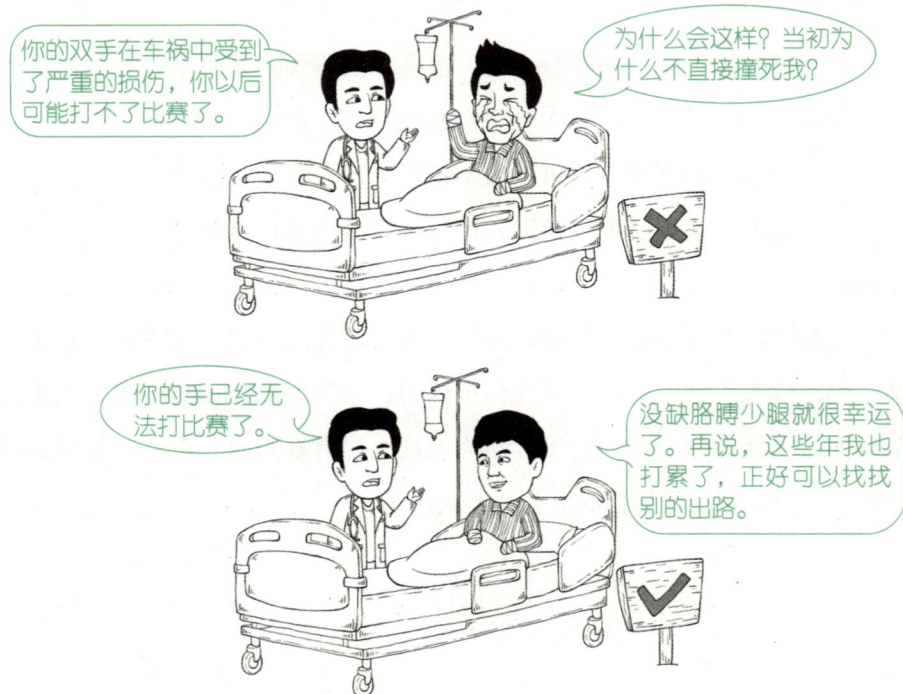

你的双手在车祸中受到了严重的损伤，你以后可能打不了比赛了。

为什么会这样？当初为什么不直接撞死我？

你的手已经无法打比赛了。

没缺胳膊少腿就很幸运了。再说，这些年我也打累了，正好可以找找别的出路。

第三章

抱怨工作，
不如换一种思维方式

在工作中，你抱怨薪水不高、任务繁重、怀才不遇等问题。这些抱怨就像蛀虫一样，不断侵蚀你的热情和才华，让你变得倦怠，失去努力的激情和动力。要知道，工作不仅仅是谋生的工具，还有着丰富的意义。

"我只是打工的"，最忌讳这样抱怨

在工作中，很多人都有"打工"心态，给多少钱干多少事，至于工作怎么才能做得更好，未来会出现哪些变化，自己毫不关心。这种态度看似维护自身利益，实则会阻碍自己的职业发展。

在工作中，很多人像算盘一样，拨一下才动一下，安排一点才做一点，不安排的话连过问都不会。当团队遇到问题时，这些人往往不会与大家一起思考如何解决，而是选择视而不见，事不关己，高高挂起。对他们而言，反正公司又不是自己的，自己只是个打工的，没必要那么上心，多一事不如少一事，干吗要没事找事？

很多人经常抱怨"我只是个打工的"，其实是因为打心底里排斥自己的工作，是因为心态上出了问题，而不是因为工作本身有多糟糕。心态乱了，芝麻大点的问题都能放大到西瓜那么大。这类人只要工作量稍微多点，就会满腹牢骚，一肚子不高兴。而工作中一旦出现问题，他们也会习惯性地找各种理由为自己开脱。

抱着只是为老板打工的心态，对自己的要求就不会高，做事也只会马马虎虎，敷衍了事，如此又怎会获得升职加薪的机会呢？

故事
"傻人有傻福"

哎，老兄，最近怎么样？

老样子呗，倒是你越来越厉害了呀。

那可是总裁，你怎么和他那么熟？

你不知道吧，很多年前，我们俩一起在这条铁路上工作。

那他怎么变成铁路公司的总裁了？

还不是因为傻。

可不是，那时我们的工资少得可怜，我觉得反正我就是个打工的，给多少钱就干多少活呗。

傻？

可他倒好，拼命干不说，还经常给领导提建议，搞得自己像老板一样，不久就被调走了。

嗯，你说的没毛病。

看来还得多付出才有回报啊。

指点迷津
凡事多往好处想

为什么我干了这么多年，还只能在基层混?

因为你总认为自己在为别人打工，既没有目标，也不愿担责任。

可我本来就是在为别人打工啊。

不一样的。当你抱着主人翁的心态做事时，会时刻想要把事情做对、做好，而不是计较得失，这样更容易得到别人的赞赏。

　　只有懂得以主人翁的心态对待工作，虚心学习，才能在工作中不断进步，才能抓住机会脱颖而出。那么，我们要如何改变不恰当的打工者心态呢?

　　我们要认清工作的意义：工作不只是为他人工作，更是为自己工作。我们不仅需要靠工作来养家糊口，更需要用它来扩展我们的知识技能以及人脉资源。

　　我们要抱着学习的态度，把每一份工作都看作一个新的开始。放空自己，虚心学习，这样才能有所收获，有所成长。

　　我们可以换个角度思考问题。当工作中出现问题时，我们不妨尝试换个角度去考虑需要面对的问题。比如，即使问题解决不了，还有公司兜底，我们不用有太大的心理负担，而解决好了，必定会收获满满的成就感，简直是"无本万利"。如此，何乐而不为呢?

为自己工作，才能获得成长，打开格局

● 为自己工作，才能成长得更快

北京奇虎科技有限公司的创始人周鸿祎曾说过这么一番话："不论在方正还是在雅虎，我从来不觉得自己是在给他们打工。可能我真的是一个很有自信的人，我一直觉得我是在为自己干，只不过客观上给公司创造了价值。另外，我始终觉得应付一件事，就是在浪费自己的生命。干任何一件事，我首先会考虑的是通过干这件事我能学到什么。"

为自己工作，往往能使我们工作更加努力，能让我们在最短的时间内学到最多的东西，从而成长得更快。当我们通过工作，挖掘了更多的潜能，增长了更多的见识，提升了更强的能力，拥有了更丰富的履历时，不管我们是给别人打工还是为自己干，都会有更高的经济价值，也会有更多的发展机会。

● 为自己工作，才能打开视野和格局

一个人如果总是为了工资而工作，那么他的格局就会变得越来越小。他只能看到眼前的蝇头小利，变得斤斤计较。虽然看似没吃什么小亏，但错失了未来的发展机遇。

相反，那些把工作当成事业的人，往往会对自身的职业发展有一个清晰的布局和规划，对未来有一个长远的考虑。他们知道自己是为了什么而做目前的这份工作，也知道自己适合做什么，真正想要的又是什么，从而站在更高的角度，开辟自己的大好前程。

💡 以主人翁的心态看待加班

下班啦，反正都是打工，做完就行了，何必这么认真呢？

有道理，下班，咱们去小聚一下吧。

❌

还不下班？加班又不加工资。

你们先走吧，我又想到一些细节，再处理处理。

✔

💡 以主人翁的心态处理客诉

凭什么订好的房间没有了？今天解决不了，我就投诉你们。

房间确实满了，我们会按照原价给您退钱。我也只是打工的，请您也体谅体谅我。

❌

凭什么订好的房间没有了？今天一定要给我一个说法。

真不好意思，这样吧，我给您申请两张八折优惠券。如果您对这个处理结果不满意的话，我可以联系老板，让他给您回电。

✔

你瞧不起自己的工作，就是瞧不起自己

如果你看不起自己的工作，觉得做这个工作让你很没面子，那你自然不愿意在上面花费心思，并付出努力。工作没有高低贵贱之分，只有做得好与不好的差别。无论什么样的工作，都值得认真做好，只有做好才能赢得别人的尊重。

很多人会抱怨没有一份好工作，却从不去想为什么自己没有好工作，也从不去思考工作的真正意义是什么。有人仅仅把工作看作一个饭碗，甚至连自己都不太瞧得起这个饭碗，却又希望这个饭碗能让自己衣食无忧，这未免有些自相矛盾。

工作是人生的重要组成部分，如果你看不起你的工作，那你就是在看不起你自己。工资的高低与工作对你而言的价值大小是成正比的，你把你的那份工作看成神圣的使命，尊重它并全力以赴，那么工作也会回报给你巨大的成功。相反，如果你连自己的工作都瞧不起，还能指望别人对你另眼相看吗？

清洁工一边打扫卫生，一边哼着小曲儿，很开心的样子。路人看了，不解地问道："你做着社会最底层的工作，怎么会如此心满意足呢？"清洁工回答道："虽然这是一份比较底层的工作，但它却能给我带来一日三餐，还让我有一个温暖的家，所以我对这份工作充满了感激之情，无论如何我都会尊重它。"

我们通过工作满足了基本的生活需要，也从工作中获得成就感，进而实现了人生价值，所以我们根本没有理由轻视它。如果我们真的想在工作中取得成就，那么首先要尊重自己的工作。

指点迷津
工作真"难"找

既然没找到工作，先上叔叔的民宿干几天吧，等有消息了再走也不迟。

我去了干啥？

最近来住宿的人多，你帮忙招呼招呼客人就行。

你要是不愿意和人打交道，来姑姑的餐馆吧，可以在后厨帮帮忙。

不去，现在的客人可不好伺候。整天给人赔笑，有可能还得挨骂，我怕我和别人打起来。

什么？你让我去后厨择菜洗碗？可拉倒吧，我好歹也是大学生，可丢不起那人。

那你想找个什么样的工作？

就正常坐办公室的工作就行，活也不累，能每天按时下班。

指点迷津
工作能否被看得起取决于你自己

> 滕哥，现在找工作好难啊。我看上的，人家不要我；人家看上我的，我又不愿意去。

> 这是为什么？

> 因为都是什么卖保险的、工厂拧螺丝的工作，说出去多没面子。

> 看来你对工作有偏见，工作能不能被看得起，取决于你怎么做以及能做到什么程度，而不是工作本身。

如何才能调整瞧不起工作的心态？

◎ 不要对自我能力评估过高

很多学校的班干部、学生社团的干事或者名牌大学的学生，刚进入社会时往往自认为能力比别人要强。由于进入公司首先要从最基础的事务做起，这些人不禁会看不起手上的工作，结果可想而知。自视过高只会徒增烦恼，从零学起才有更好的发展前途。

◎ 不要奢求短期内快速成长

可能很多人在入职初期，愿意接受短期内从事基础性的工作，但是时间稍微一长，就开始抱怨，开始敷衍了事。人人都渴望成功，但是急于求成等于拔苗助长，脚踏实地才有来日方长。

◎ 不要与他人攀比

俗话说，人比人，气死人。很多人一旦发现自己的工作不如别人，就很容易影响积极性，进而瞧不起自己的工作。不要比较，做好自己的事情就好。如果非要比较，就拿今天的自己和昨天的自己比较，看看有没有进步。

态度大挑战
调整心态，正确应对基层工作

◊ 将基层工作视为重要工作任务的一部分

无论你的工作多么有趣，中间总会有一些枯燥无聊的部分，比如录入数据或者复印文件等。无论你将来会升到多高的职位，很多时候也避免不了从基层最简单的事情做起。

面对无法避免的低含金量的工作任务，调整心态的最佳方式就是将它们看作是你对工作整体贡献的一部分。这样的话，即使再无聊枯燥的部分也是有意义的，你的努力对整体工作而言是有价值的。基于此，你才能发掘你在工作中的使命感、价值感，从而更加积极地投入到眼下的工作中。

◊ 高效地完成工作任务，进入心流状态

基层工作让你觉得无聊的一部分原因，是你觉得自己效率低下，并且是在浪费自己的时间。这个时候，你可以尝试梳理工作的流程，让重复性工作变得更加有序化和标准化，从而提高工作效率。你还可以尝试对工作进行复盘和延展，研究工作中哪些环节还有改进的空间，从而提高工作效率和质量。

当你能高效地完成工作时，你会发现你已经进入了心流状态，完全沉浸其中，便不会觉得无聊或者没有意义了。

从基层做起

不好意思，我们所提供的管理岗需要先在基层锻炼一段时间，你能接受吗？

我面试的是管理岗，如果要下车间当工人的话，那就算了。

✗

这个岗位需要先在基层锻炼一段时间，你能接受吗？

没问题，我正好可以多了解一下工作的具体内容，也方便后期的管理。

✓

着眼于能力的提升

就这销售的破工作？整天点头哈腰讨好人，能有什么发展，我打算过几天就辞职。

三百六十行，行行出状元。你好好干，以后也会有很好的发展的。

✗

销售这份工作干得怎么样，感觉有前途吗？

还行，能接触各种各样的人，对沟通能力是一种锻炼，自我提升也会比较快。

✓

高薪是干出来的，不是抱怨得来的

当我们抱怨自己的工资太低时，不妨扪心自问：自己是否能够创造出与高薪所对应的价值？如果你是老板，你又会给自己开多少工资呢？

职场中，老板对你说："好好干，我会给你加薪的。"未必真的就会加薪。但如果他说："好好干，后面还有其他重担等着你呢！"往往这就是真的要涨工资了，因为随着重担而来的，自然是薪水的提高。

陈斌原是一名银行职员，机缘巧合之下去了一家机械公司。在工作6个月后，他想试试自己有没有提升的机会，便去跟老板毛遂自荐，老板半开玩笑地对他说："你可以去负责监督新厂机器设备的安装工作，但不保证加薪。"

陈斌没有接受过任何工程器械方面的训练，连机器图纸都看不懂，但是他不愿放弃任何机会。于是，陈斌充分发挥了自己的领导才能，甚至自己花钱请了一些专业技术人员帮忙完成安装工作，使得工期提前了一周。结果，陈斌不仅获得了升职，薪水也翻了好几倍。

高薪都是干出来的，不是抱怨得来的。你必须在拿3000元工资时，先体现出4000元的价值，老板才会愿意给你机会。

那些职位低下、薪水微薄的人，忽然间升职加薪，或被提到一个重要的位置上，往往都是因为他们在拿着微薄薪水的时候，没有放弃努力，始终保持着一种尽职尽责的工作态度，始终满怀着工作的激情朝着自己的目标奋进。

在奋斗过程中获得的宝贵经验和能力，以及有目共睹的成绩，才是他们能够升职加薪的真正原因。

故事
新来的员工为什么工资高

老板，我跟了你这么多年，凭什么新来的员工都比我工资高？这不公平吧。

你消消气，你也知道，我们公司一直都是按多劳多得来分配收入的。走，我带你去仓库看看。

卖光这些货物，你需要多长时间？

上个月，就是这样的一批货，他 1 个月就卖光了。你觉得他工资高吗？

大概 3 个月吧，运气好的话 2 个月。

1 个月就卖完了？

我知道该怎么做了。

嗯，其实，我给他的提成比例还没有你的高，人家只是卖出去的多而已。

高薪是干出来的

为什么我身边的同事接二连三地升职加薪，而我却还是这么点钱？

薪资与个人的能力有关，可能他们某方面的能力已经远远超过你了。

我也想拿高薪，有没有秘诀？

合理计划，提升自己的工作效率，给公司创造更多的利润。

只有先主动为公司创造更大价值，才有机会获得更好的薪资。为此，我们要怎样调整自己的心态呢？

● 以创业的心态打工

在心态上主动一点，把公司当成我们创业的平台。我们在公司这棵大树底下练习技能、积累资源，风雨来了，有公司顶着。以创业者的心态打工，工作动力就会更强。

● 坚信付出与回报肯定会成正比

我们在一家公司工作，从短期来看，付出或许跟回报不成正比。但是如果你将心态放平，放眼长远收益，那一定是成正比的。

● 别太在乎目前的薪水

目前的薪资是你的工作能力以及贡献度相对真实的反映，但是你的薪资不可能一直停留在目前的水平。当你把注意力从目前微薄的薪资上移开，专注于提升业务能力，努力掌握更多技能，给公司创造更多价值后，薪资自然也会得到相应提升。

态度大挑战
想拿高薪，从不抱怨开始

每个人都会在工作中遇到问题，也都有可能陷入职业发展的低谷，于是抱怨便成了蔓延在工作中的一种情绪，一个排遣工作压力的出口，这听起来似乎无可厚非。

然而问题是，一旦你养成了抱怨的习惯，形成了抱怨的思维模式，就很容易丧失对工作的责任感和使命感，忽略工作的完成以及自身的成长所带来的幸福感。抱怨不但不能提高薪水，反而会让我们失去更高的目标和更强劲的工作动力。

与其随随便便抱怨，不如问问我们能从抱怨中得到什么。抱怨不仅不会给我们的工作带来任何好处，而且还会暴露我们的幼稚和无能。工作中的抱怨是最严重的内耗，不仅让抱怨者本身丧失斗志，还会让同事失去信心。

与其抱怨薪水太少，不如想方设法让你的工资多起来；与其抱怨老板太严厉，不如努力把工作做好；与其抱怨加班太频繁，不如在工作时间之内提高自己的工作效率；与其抱怨公司没有提供发展平台，不如培养自己的核心竞争力……

其实，在每一种貌似合理的抱怨声背后，都有一种更好的选择，那就是去干，去行动。

先提业绩，再提涨薪

老板，我已经来了3年了，是不是该涨点工资了？

可你的工作能力没太大变化呀。

老板，这个客户我盯了好久了，要是能拿下来，春节带我爸妈去海南的钱是不是就有了？

没问题，只要你好好干，别说去海南，去国外都可以。

不要抱怨，先干再说

最近我们新接了一个项目，有点难度，哪位同事想要尝试一下？

又不多给钱，我才不干这种费力不讨好的事呢！

最近我们新接了一个项目，有点难度，哪位同事想要尝试一下？

领导，我想试一试。

中 篇 不焦虑

第四章

修剪欲望，
能解决 80% 的焦虑

　　想要更多金钱，想要更多权力，
想要更多名望……当得到一些，就
会想要更多。人们一边忙着满足欲
望，一边忙着创造出更多新的欲望，
永远都在为得不到而焦虑。懂得修
剪欲望，才不会有那么多求而不得，
焦虑自然就会减少。

➡ 你不能什么都想要，选择越多越焦虑

生活中，我们会面临很多选择，大到求学择业，小到穿搭饮食。当我们面临的选项变多时，各种对比会增多，纠结会变多，决策所花费的时间会变长，内心也会变得更加焦虑。

现代社会，焦虑无处不在。面临众多相似的选择，很多人都会不知所措，甚至惶恐不安。当你去超市，面对满货架的商品却不知道买什么；当你早上起床，面对满柜子的衣服却不知道穿什么；当你想放松一下，面对网络电视里几百部电影，却不知道该看哪部……

当可供选择的数量多到一定程度时，我们就很容易"挑花了眼"，从而导致幸福感下降。我们什么都想要，只会变得越来越焦虑，而焦虑往往会产生两个不好的结果，即逃避决策和决策错误，选择恐惧症由此诞生。

孟妮在大学期间是公认的品学兼优的校花，被众多男生追求，对此她却很苦恼。在经过一番激烈的思想斗争后，她选择了一个对她不错的男生。可事后她却发现这个男生并没有想象中那么好，于是她又陷入了深深的后悔中……

这正是"最大化者"的状态，就是只能接受选择里最好的那个。毕竟时间和精力有限，我们无法穷尽所有的选择。结果一旦没有达到预期，我们就会开始质疑、懊悔最初的选择。

我们身处在一个复杂的信息社会中，处理信息的能力却是有限的。我们既不能拟订出所有的方案，也不能将它们排出一个绝对的优先顺序，从而做

出最正确的决策。只有承认这一点，我们才能在做选择的时候，走出海量信息带来的焦虑和困扰。

故事
买房子真"难"

您看这个房子，采光好，面积和楼层也正合适。您觉得怎么样？

不错，这里离学校多远啊？

大概 5 公里，有直达的公交，很方便的。

那还是有点远啊，接送孩子不太方便。

您看这个怎么样？离学校才 500 米。

这倒是不错，就是采光差了点。另外，价格是不是有点太高了？

目前还有一套小两居，距离学校 1 公里，房东急着出售，价格应该好商量。就是小区有点旧，没有电梯。

都有优势，但也都不太满意……买个房子是真难。

指点迷津

选择"最有利的"而不是"最好的"

为什么有时候我总是很纠结，在多个选择面前很难下定决心？

因为多个选项之间同质化严重，或者每个都拥有独特的优势，当你渴望所有需求都同时被满足时，就无法舍弃任何一个选项，从而会变得纠结和焦虑。

那我该怎么做？

放弃对"最好"的追求，以便快速决策。在选择时以最有利或最满意为标准。

如何才能尽可能地减少选择过多带来的焦虑感呢？

首先，我们可以尝试增加必要的"限制条件"来减少选项。每当我们需要做选择的时候，不妨重点考虑甚至只考虑那些最必要的条件，从而把握住选择的核心。另外，减少选项也能让我们的精力更加聚焦于事情本身，并更愿意为我们的选择负责。

其次，我们可以尝试着把自己从"追求完美"的框架中解脱出来，不要寻找那个并不存在的"最完美选项"，而是选择那个"最满意选项"，从而提升幸福感。当选择完成后，我们要坚定自己的这一选择，不要后悔。

最后，通过不断对自己进行积极的心理暗示，尝试用自我欣赏来代替自我否定，相信自己的选择是最好的，进而逐步解决选择困难的问题。

态度大挑战
做选择才是人生最重要的事

○ 选择前确定最重要的目标

每个人的时间总量都是固定的，如果事无巨细，想让我们的每一个选择都尽善尽美，那么我们的时间一定是不够的，对于那些已经做出选择的事情也不能好好去做，最终你将搞得一团糟。

所以，在选择前，我们需要明确哪些选择对我们而言是最重要的和最在乎的，然后把时间和精力集中到最重要的决策上。对于其他选择，我们可以本着适可而止的标准做出决策，以减少精力耗损。

○ 选择后降低期待不后悔

在众多的选择中，每一个选择所对应的结果，都是我们无法预料的。对于未知我们会感到迷茫和恐惧，一旦做出选择，我们就会本能地赋予它过多的期望值，如果得到的结果不能令自己满意，就会陷入懊恼之中。

为了避免这种情况的发生，一旦做出选择，我们就需要降低过高的期待，告诉自己，并不是每一个选择都会决定我们的命运。学会放过自己，可以有效地提升幸福感。

当我们做出重大选择以后，要尽可能地把精力放在维护和改善已有的选择上，学会看到选择的积极面。不过分期待的同时，也要少纠结消极的方面，避免因为患得患失产生后悔情绪。

选择最有利的工作

你想好入职哪家公司了吗？

我这不正考虑呢，离家近的可以多照顾家，但薪资不高，薪资高的又离家太远，真纠结。

你想好入职哪家公司了吗？

去薪资高的吧，毕竟用钱的地方比较多。我尽量有空多回家，就是折腾一点，问题不大。

选择具有独特优势的工作

听说你收到了两家大公司的录取通知，准备去哪一家？

没想好，两家公司都很喜欢，待遇也都很好，哪一家都舍不得拒。

听说你收到了两家大公司的录取通知，准备去哪一家？

虽然两家我都很喜欢，待遇也差不多，但我了解到其中一家公司几年前就开始布局 AI（人工智能）了，挺有远见的。我决定就去这家了。

好好过自己的生活，别再和别人比了

当一个人无法认同自己的价值时，无论自身条件好与坏，都喜欢和别人进行比较，尤其是那些在某方面拥有一定优势的参照对象。可事实上，这不过是一种以己之短比他人之长的行为，只会徒增烦恼。

老鹰想做兔子，羡慕兔子有吃有住；兔子想做老鹰，羡慕老鹰遨游四海，自由自在。每个人都想活成别人的模样，生活中的许多烦恼，都源于我们盲目地与别人攀比而忘了正视自己现在的生活。

毕业了，比工作；工作了，比收入；找对象了，比条件；成家了，比幸福；有孩子了，比孩子……一轮又一轮的比较，在时间的流逝中永无止境地继续着。比较，让成年人崩溃。

正如歌德所说："人生的烦恼，一小半源于生存，一大半源于比较。"人们在生活中的很多不满足，都是和别人比出来的。我们不能因为自己只做到了 90 分，看到别人做到了 95 分，就开始质疑自己、否定自己。在人生的长跑中，每个人的起点不同，赛道也未必相同，我们又何必非要执着于在终点比个高下呢？

故事
城里来了个暴发户

听说城里来了个暴发户，很有钱吗？

听说是很富有，连家里刷锅都用糖水。

他以为自己很有钱吗？盼咐下去，以后生火不需要木柴了，用蜡烛。

听说，今天暴发户外出郊游，沿路围起了 40 里的丝绸布障，很是威风啊。

好，我这就去办。

好香啊，哪里来的香味？

哼，准备两匹 50 里的锦缎，明天咱们也出门。我倒要看看他还能玩出什么花样来！

听说暴发户用香料将自家的墙粉刷了一遍，全城都能闻到香味。

可恶，让工匠用赤石脂将所有墙都刷一遍，闪瞎他的眼！

老爷，这样真的好吗？

有什么不好的？我一定要赢过他。

那我这就盼咐他们去做。

指点迷津

认清自身价值，不与他人比较

为什么我什么都比不上别人？工作、长相、资产，甚至女朋友都没别人的漂亮。

你为什么要和别人比呢？

不比怎么能看出我的优势呢？

你要理性分析，认清自己的价值。你的工资虽然不够高，但私人时间多；女朋友虽然不够漂亮，但体贴贤惠。这不都是你的优势吗？

要想认清自己，把握自己，避免与他人做比较，我们应该怎么做？

○ 不过分追求别人的认可

有些人很在乎别人对自己的看法，甚至完全以别人的评价作为自己的行为准则。别人说好，他们就沾沾自喜；别人说不好，他们就情绪低落。不要过分在意别人的看法，不要把别人认为重要的东西当成自己的人生目标。更好地认清自己，能避免很多烦恼。

○ 不对最熟悉的事物置若罔闻

亲人、朋友、健康、时间等，这些你最熟悉也是最容易忽略的事物成就了现在的你。只有充分利用好身边的一切资源，你才可能更好地认清自己，把握自己。

○ 不沉迷于过去或未来

对往日的失败耿耿于怀，对将来的未知抱有过多幻想，都很容易让我们迷失自己。只有珍惜当下的生活，脚踏实地，充分利用现在的时间，我们才能更好地认清自身的价值，把握自己。

态度大挑战
接纳自己，超越自己

♀ 真心接纳自己，不因他人而贬低自己

尺有所短，寸有所长。每个人都有自己的特点和优势，我们不必妄自菲薄，拿自己的缺点和别人的优点做比较，然后贬低自己。和高人比会使我们自卑，和庸人比会使我们自傲，外来的比较是我们内心动荡不安的来源，总拿自己跟别人比较会让我们一叶障目，看不清自己，最终迷失前行的方向。

人生最大的缺憾，往往是拿自己和别人比较。对每个人来说，不完美是客观存在的，我们没必要害怕承认这一点。只有真正接纳自己，我们才能看清自身的不足，然后更加努力地用知识、技能等提升自己。

♀ 不用超越别人，超越自己即可

人生成功的标准有很多，完全看你在意哪些方面，想获得什么样的成就。某些大众认可的标准或许代表一定数量的人的所思所想，但并不能代表每个人的需求，也不可能适用每个人的情况。

"胜人者有力，自胜者强。"能够战胜别人的人或许很优秀，但能够战胜自己的人才是真正的强者。想要不断超越别人只会让自己一直处于高压之下，因为人外有人。只有真正地认清自己，将自己作为不断超越的对象，才能让我们一直积极勇敢下去。

💡 **接受差异，转为动力**

我宣布一下最新的任命，小张成了新的部门主管，大家掌声鼓励。

一起进的公司，人家都当主管了，我还是一个小员工，好自卑。

❌

我宣布一下最新的任命，小张成了新的部门主管，大家掌声鼓励。

看来，我也要抓紧努力了。临渊羡鱼，不如退而结网。

✔

💡 **接受差异，转变心态**

最新款的手机，好不容易才抢到。

唉，怎么人家说买就买，我还得考虑钱够不够用。

❌

最新款的手机，排了一晚上的队才抢到。

手机这东西能用就行，我的手机实惠又好用。

✔

方向错了，越努力越焦虑

现实和理想的差距，会催生出焦虑。一些人为了化解这种焦虑会选择疯狂地努力，每天拼命学习、拼命工作。但是，如果选择的方向错误，不断付出努力也无法缩小差距时，非但无法缓解焦虑，反而只会越努力越焦虑。

对于未知的、难以应对的事情，我们常常会感到焦虑。

对工作感到焦虑：我要怎么做才能顺利完成任务？如果完不成，领导会不会批评我？对生活感到焦虑：我要怎样做才能摆脱租房的日子？如果赚不到钱会不会一直居无定所？对健康感到焦虑：我要怎样才能摆脱超负荷的劳作？一直这样下去，我的身体会不会累出毛病？

对付焦虑，我们最常想到的方法就是努力。于是我们每天拼命赶路，疯狂工作，听各种线上、线下课程，结果焦虑不仅没有缓解，反而加重了。

每个人都在奔波努力，每个人都忙得没有时间，但不是每个人都有相应的回报。同样都是搬砖，有的人徒手搬，累死累活，一天也只能搬 2000 块砖。而有的人搞了辆小车，轻轻松松就能搬 10 000 块砖。同样都是努力，结果却不一样，无效或低效的努力只会徒增焦虑。

生活中，我们经常会听到这样的疑问："他的能力并不比我强，也不见得比我勤奋，为什么在这件事上他成功了，而我却失败了？"一位诺贝尔奖获得者在谈到他的成功经验时给出了回答："从容思考，从速实行，方向永远比努力更重要。"

故事
有作品才能被观众记住

您有没有什么难忘的经历?

我刚出名时,疯狂地接通告,电视、电影、各种活动,只要能增加曝光率就参加。

还记得当初是什么感觉吗?

累,根本没有休息时间,再有就是既压抑又焦虑。

当时为什么会这么拼命地工作?

为前途焦虑,害怕曝光率不够,人气下降,被人遗忘。

像只无头苍蝇一样吧,只知道曝光却没有拿得出手的作品。其实,现在看来,如果有了好的作品,观众自然而然就会记住你。

您如何评价曾经的那段经历?

指点迷津

在错误的方向上努力是一种"假努力"

滕哥，为什么我已经很努力了，却还是会焦虑呢？

因为在错误的方向上努力，并不会给你带来任何效益和回报，只是一种"假努力"。

那我怎么做才能缓解焦虑呢？

明确自己的目标，找到问题的根源，集中精力去完成这件事。

只有找准努力的方向，才能避免无效努力，具体我们要如何做呢？

首先，我们要设定清晰、可衡量的目标，有针对性地付出努力，这样才能更好地跟踪自己的进展，确保努力的方向是正确的。

在确立目标之后，我们需要分析自己的现状，了解目前的优势和劣势，以及可以改进的地方，从而更好地确定努力的方向，避免在无关紧要的地方浪费时间和精力。

在明确目标并分析现状之后，我们需要制订实际可行的计划。计划的内容包括短期目标和长期目标，以及所需的具体行动步骤。我们需要保证每项行动都有意义。

在执行计划的过程中，我们还需要不断学习，并根据实际进展和环境变化，做出适当调整，进一步保证努力的方向是正确的。

最后，我们还需要建立一个有效的反馈机制，通过与他人的交流、寻求专业指导或者参加相关培训课程等方式，获取外部的反馈，及时调整努力的方向。

态度大挑战

方向对了，人生就顺了

在错误的方向上努力，不能给你带来任何效益和回报；在错误的方向上奔跑，只会让你离目标和成功越来越远。

如果你是一个销售人员，你在跟一位客户洽谈，差不多谈妥了所有细节，只剩下签约和付款的步骤，结果对方就是不付款，任凭你使尽浑身解数也不签单。最终，在花费了几个月精力后，你才知道这个"客户"根本没有实际需求。可见，方向错了，无论你多努力，销售技巧多娴熟，"客户"也不会下单。

比如，你想做一个公众号，每天疯狂写文章，结果一个月可能只有几十人关注。因为做一个公众号更重要的是运营，并不是单纯写写文章就可以做好的，努力的方向不对，效果自然不好。

想要做成一件事的时候，一定要事先找到正确的方向再去努力，否则只会越努力越焦虑。

如果你想进一家外贸公司工作，你要先去了解所有备选公司的背景、文化及经营产品等。甚至各家老板是什么样的性格都要考虑到，进而筛选出一家最适合你，或者对你最有帮助的公司，而不是任意一家外贸公司都行。都行其实意味着都不行，找准方向，找出问题的根源，才能事半功倍。

如果你是一个英语老师，你发现你目前的英语水平阻碍了你的职业发展，那么你可以去进修跟工作直接相关的英语知识，而不是钻研社交英语、商务英语等。因为你的时间是有限的，要学会分析，懂得筛选，谨慎选择。什么都想要并不现实，只会让你陷入无谓的焦虑中。

💡 找准挣钱的方向

周末如果不加班，你一般都去干啥？

我都在研究彩票，每期彩票的数字都是可以被推测出来的。

❌

周末如果不加班，你一般都去干啥？

最近不是老需要做PPT吗？周末报了个班，去学习一下。

✅

💡 找准写发言稿的方向

你给领导写的发言稿，怎么样了？

别提了，烦死了。我哪知道领导想说什么，真是的。

❌

你给领导写的发言稿，怎么样了？

差不多了，我找领导要了一些参考资料，他也大概给我说了一下重点。

✅

第五章

马上行动，
焦虑就会马上消失

一些人在做事之前，喜欢过度地评估风险，制订计划，导致本来很简单的事情也会催生出焦虑。他们总是在观望，在分析，一直无法下定决心，最终让自己陷入长时间的纠结。可事实上，只要踏出行动的第一步，所有顾虑都将消失，焦虑也会随之消失。

焦虑的本质是"想得太多，做得太少"

在生活中，大多数人的焦虑都源自"想得太多，做得太少"。无论是工作，还是生活，如果只停留在想象层面，各种失败的情况就会浮现在脑海中，让人变得畏首畏尾。但只要付出行动，就能驱散这些负面的臆想。

人生的很多困难，不是我们遇到的，而是我们想象的。

生活中很多人都喜欢用过度的思虑折磨自己，却迟迟不肯采取行动——月初的时候想着月中，月中的时候想着月末，等到月末又开始焦虑和后悔，并寄希望于下个月……

对于那些想要减肥的人来说，如果他们一直想着要变瘦，却迟迟没有控制饮食和增加运动，那么这种变瘦的愿望只会变成他们的烦恼；对于那些想要学好一门外语的人来说，如果只是计划每天背多少个单词，听多长时间录音，却没能把计划付诸行动，那么这种学好一门外语的愿望也只是徒增烦恼。

网上流行着这样一句话："计划时踌躇满志，行动时犹豫不决，一切还未开始，已被臆想打败。"想得太多不仅会消耗我们更多的时间和精力，还会瓦解我们做事的决心和意志。生活中的绝大多数烦恼，不过是自己的胡思乱想，而绝大多数失败也都发生在脑海里，唯有行动才是治愈烦恼的良药。

故事
因为担心，所以什么也没种

您在为何事烦恼？

我担心今年的收成会不好。

您种了麦子？

没有，我担心天不下雨。

那您种了棉花？

没有，我担心虫子太多会吃了棉花。

那您种了什么？

什么也没种呢，我在想种什么能保证收成。

指点迷津
只有做了才有机会成功

做一件事前，我总是焦虑做不好，怎么办？

你设想了很多情况，结果就一直没行动？

是的，想多了就不敢做了。

做了，有两种结果：要么成，要么不成。光想不做，就只有一种结果，就是不成。

想要改变"想得太多，做得太少"的现状，我们需要注意什么？

首先，我们需要设置合理的目标。目标太过遥不可及往往会使我们的行动受阻。我们设置目标一定要结合自身的实际能力，应该是付出一定的努力就可以实现的。

其次，我们要尽可能地减少与实际行动不相关的"仪式"，以及过分精致烦琐的"前期准备"。减少分心项，把注意力更多地聚焦于行动过程本身。

再次，如果因行动受阻而产生畏难情绪，不妨学着拆分目标，设置一些即时反馈，循序渐进，逐个击破。如果陷入两难境地，也要果断做出抉择，然后义无反顾地行动，并勇于承担可能会付出的代价。

最后，在行动的过程中，我们不要过分执着于无关紧要的细枝末节，要尽可能地立足于整体及宏观层面，着眼于长远目标，而非"每一步都要完美"。

态度大挑战
想做就马上行动

摆脱"想得太多，做得太少"的坏习惯，拒绝做思想上的巨人、行动上的矮子。

◦ 主动增强对生活的掌控感

本来打算一小时完成工作的，结果坐到电脑前就开始各种开小差，闲聊、看八卦、刷短视频……回头一看两小时过去了。所以，即刻起，删除一些不怎么用到的应用程序，减少关注那些可有可无的内容，有意识地多做有意义的事情，增强对时间的掌控感；还可以去运动锻炼，进行身材管理，增强对身体的掌控感。一旦你对生活的掌控力有所增强，就不会在具体行动的时候畏缩不前。

◦ 量化自己的行动

有一位销售员，他在每完成一项销售任务的时候，都会往一个罐子里放一枚曲别针。每天都能肉眼看到自己的成果，这让他充满了干劲，最终成为金牌销售。将要完成的目标任务分解量化，看到自己每一天的变化和进步，会让我们对所做的事情更容易坚持。

◦ 记录当天发生的三件好事

升职、加薪、中大奖、比赛赢了等，这些无疑都是好事，但是发现一家好吃的餐馆，看了一本好看的书，受到同事或者领导的一句肯定，养的绿植终于发了新芽等，这些不也是值得开心的事吗？记录的意义不在于记录本身，而在于改变自己对"好事"的定义。对生活中开心情绪的收集，可以帮助我们抵挡"心累"，让我们认识到生活其实远比想象中的更美好。

想跳舞马上去跳

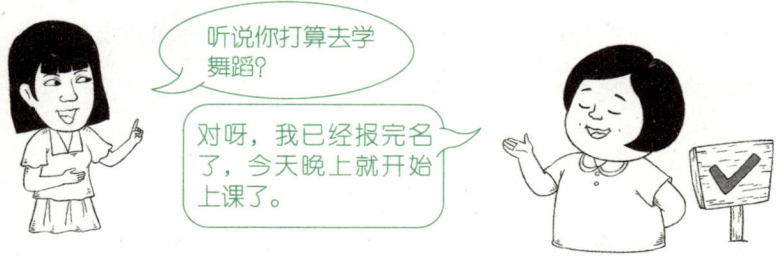

听说你打算去学舞蹈？

我还没想好呢，我都30多岁了，怕身体跟不上，还是算了吧。

❌

听说你打算去学舞蹈？

对呀，我已经报完名了，今天晚上就开始上课了。

✔

想去西藏说走就走

你不是说想去西藏吗？放假一起去啊！

我倒是想去，但想想来回得花多少钱啊，万一要是有高原反应怎么办？再说吧。

❌

你不是说想去西藏吗？放假一起去啊！

好啊。攻略我都做好了，明天早上就可以订票了。

✔

↳ 焦虑迷茫的时候，先把手头的事情做好

临近高考，自己喜欢哪所学校，适合哪个专业呢？年过三十，是不是自己真的就要这样过完一生……人们总是会感到焦虑和迷茫，越是重视的问题就越是如此。想要摆脱自己的焦虑和迷茫，就要先把手头的事情做好。

很多人心中都有远大目标，但过了一段时间后发现，目标还是目标，自己该咋样还是咋样。很多人总觉得自己目前的处境并不如意，干的事情也不是自己想要的，总想做出重大改变，但是除了迷茫和焦虑外，什么也改变不了。

有一位知名教授曾这样说："我只是在大学里教好了一门课程，就有人找我开了语音专栏。我把语音专栏做好了，就有人邀请我参加了电视节目。"做好了手头的工作，自然就会有人看见，新的机会自然就会找上门来。

当你不知道自己该做什么的时候，就把手头的每件小事做好；当你不知道怎么开始的时候，就把离你最近的事情做好；当你感到迷茫的时候，不用看得太远，走好面前的 50 米就好。

故事
让自己忙起来

最近你干什么去了？一直没见到你。

最近总是莫名地烦躁，去看了心理医生。

医生怎么说？

他说我庸人自扰，没事找事。

他说这种迷茫和焦虑是正常的，很多人到了我这个年纪，都会想：自己是不是要一辈子做这个工作？如果自己换工作做什么合适？人家会不会接受这样年纪大的人？

那他就没有给你讲一些解决的办法？

就是再正常也不能让自己整天胡思乱想这些吧？那精神状态肯定好不了。

是呀，不过他说，如果让自己忙起来就不会焦虑了。

怎么忙起来，难道要尝试辞职，重新选工作？

那倒不至于，就是做好手头的事，在做事的过程中，内心就会平静下来。

那你试了吗？感觉怎么样？

还不错，至少不会像以前一样总是烦躁了。

指点迷津
做好手头的事

> 为什么我总是会感到莫名的焦虑和迷茫?

> 如果你对现实不满意,但又不愿尝试改变,就会陷入自我施压所带来的焦虑中。

> 那我该如何去做?

> 静下心来,去解决自己手头的事情。当自己注意力集中时,幻想所造成的焦虑就会消失。

做好手头的事是打败焦虑的好办法,我们该如何调整心态?

当你感到焦虑迷茫,不知道自己该做什么时,不妨静下心来,脚踏实地,找一份力所能及的工作先去做。在持续的工作和社交中,你会慢慢找到自己理想的工作。

做着自己喜欢的事情,还能养活自己和家人,确实是很美妙的体验。但是如果不能"爱一行,干一行",那就"干一行,爱一行",专注于把当下必须做的事情坚持下去,做到让自己满意为止。当你专注于眼前的事情时,很多焦虑往往会自动瓦解。

当你觉得自己做了很多事情,却没有得到自己想要的结果时,先别急着跳到别的行业,也不用眼红别人所取得的成就。你不妨先抛开杂念,把手头的事情做好,再看看接下来的发展。你的努力也许需要一点时间才能知道结果,眼前曲折的道路,也许走完了才知道它正是通往了你想去的地方。

态度大挑战
与其盯着大目标，不如做好手头事

诺贝尔和平奖得主特雷莎修女，当年想在印度建一处垂死者救助中心，遭到了当地官员的强烈质疑："你知道你们在做什么吗？你们只有 13 个人，想求助的人却有上百万！"特雷莎修女微微一笑："哪里有上百万人，只有我眼前这一个人。"说罢她便去照顾一个皮肤溃烂的濒死之人了。

让人变得平庸的原因只有一个，就是把太多的时间和精力放在目标本身，而忽略了实现这个目标所要进行的积累。目标明确的行动者，从来不会为了"为什么""怎么样"和"什么时候"绞尽脑汁。他们只要确定了一个目标，就会去把手头的事情、该做的事情，一点一点做好。

就好比，如果你希望开展一场声势浩大能持续一整晚的篝火晚会，那么你要做的不是憧憬你的远大目标，终日盘算着要邀请多少人以便扩大规模，而是要每天尽可能多地去拾柴火，拾得越多越好。

如果你想要减肥，就应该把精力放到减肥的过程中去。有氧运动、消耗热量、调整饮食结构等，这些都是你该关心的，而不是天天羡慕别人的马甲线，想着自己如果瘦 10 斤可以穿什么衣服，瘦 20 斤又是什么效果。

如果你想成为视频博主，就要不间断地学习，持续地创作输出，去分析其他优秀博主值得借鉴的地方，而不是盯着后台数据反复刷新，看看又有几个新的点赞和留言。

💡 工作中，顾好当日任务

最近我真的烦死了，老是空降任务，工作计划全被打乱了。

我也是，最近很烦，天天出差。我昨天晚上刚回来，真怕等会儿就来电话又让出差了。

❌

最近我真的烦死了，每天忙都忙不过来，明天不知道又要空降什么任务……

空降任务真的是让人头疼，你现在只安排好当天的日内任务就行，不要做长期计划了，省得被打乱。

✓

💡 生活中，抓住眼下幸福

现在我和男朋友处得挺好的，但不知道结婚后会不会是一地鸡毛。

恋爱的时候都是美好的，但谁的婚姻不是一地鸡毛呢？

❌

男朋友现在对我挺好的，不知道结婚后，日子是不是会一地鸡毛。

既然不知道结婚后什么样，那就先享受爱情的甜蜜吧。相信美好的回忆，能治愈婚姻中的很多矛盾。

✓

不纠结，明确拒绝不喜欢的人和事

有一种焦虑源自缺乏拒绝的能力。有些人即使在面对自己不喜欢的人或事时，也会因担心伤害彼此之间的感情而犹豫，不忍心拒绝；明知这种行为会为自己带来很多不必要的麻烦，事到临头还是会心软，并为此感到焦虑。

为什么明明是不喜欢的人和事，就是不能很好地拒绝？为什么好不容易将拒绝的话语说出口，你又立马感到十分内疚和自责？其实，你很难拒绝别人，很大一部分原因是自我评价较低。这种情况下，无论是拒绝还是接受，都会让你感到难受。

在拒绝别人的时候，你很容易就会出现"我拒绝了他，他会不会就不喜欢我，说我不好""我拒绝了他，我就是一个不善良的人，没有助人之心"之类的想法。有这种想法正是因为你对自己的评价不够稳定，需要借助外界的反馈来体现自我价值，从而容易为别人的评价所影响。

越是不会拒绝的人，越是很难去表达自己的真实需求，越是习惯于在别人面前表现出"我是善良的、大度的、乐于助人的"的形象。而对于周围的人来说，他们很乐意接受你的这一形象，于是一遇到问题就会来求助于你。

当周围的人习惯了你的好，就会在潜意识里觉得你的帮助是理所当然的。而你帮了 99 次，一旦拒绝 1 次就会让他们觉得十分恼火，你的拒绝之旅也由此变得更加艰难。所以，你不要纠结，也无须焦虑，在面对第一次的不当请求时，就果断拒绝你不喜欢的人和事。

故事
不忍拒绝同事的请求

小妮，你晚上有没有空？

应该没事吧，有什么事吗？

我那儿还有点工作没做完，本来打算晚上加班的，可我和女朋友约了去吃饭，你能不能帮帮忙？

帮帮忙嘛，姐姐。你知道，我相亲大半年，才找到这么个女朋友……

哦，我也想早点回家。

我知道，你找个女朋友不容易。可是……

别可是了，就这么说定了。我把文件传给你，辛苦你了，明天我给你带早餐。

好吧。

指点迷津
给对方一个无法继续请求的理由

> 一想到要去做不喜欢的事、见不喜欢的人就心烦。

> 那为什么不直接拒绝呢？

> 我担心拒绝会让对方难堪，伤了彼此之间的感情。

> 那就不妨委婉一点，给对方一个无法继续请求的理由。

正是由于自身的评价系统不够稳定，导致我们不好意思拒绝别人，要想做出改变，我们要怎么做呢？

我们要学会肯定自己，抓住一切机会去肯定自己。你可以准备一张白纸和一支笔，然后以"我是……"开头，用积极的词语或句子来评价自己，比如"我是勇敢的，我是理智的，我很有爱心……"越多越好，也可以请朋友一起来"夸"你，比如"你是真诚的，你待人热情……"相信，这样多做几次以后，我们会对自我有一个更加清晰的认识，也会慢慢形成稳定的更趋完善的自我评价体系。

此外，我们还可以向身边能够果断拒绝他人的朋友，提出一些不合理的要求，通过这样的练习来体验那种被拒绝的感受。当我们成为被拒绝的那个人时，我们就能够真实感受到，即使拒绝别人也没什么大不了，只要方式恰当，就不会对双方的关系造成破坏性的影响。

态度大挑战
果断拒绝，适当"翻脸"

♀ 你越不好意思拒绝，别人就越好意思麻烦你

不好意思拒绝，代表你的内心还不够强大，你害怕失去朋友。殊不知，你越不好意思拒绝，越会让人觉得你软弱。

有的人就是吃定了你会不好意思拒绝，然后用你难以拒绝的方式来"软磨硬泡"。所以，千万不要在不愿意的时候说愿意，该拒绝的时候一定要果断拒绝。

♀ 你越不好意思拒绝，别人越觉得理所当然

今天你被要求做这个，明天你被要求做那个，等你习惯之后，一切就变得理所当然，而等你下决心想摆脱这一切时，你已失去了拒绝的能力。

不好意思拒绝别人，只会让自己陷入不开心的死循环，影响自己的工作和心情，别人甚至还以为你是心甘情愿的，把你的好心当成理所当然。

♀ 不畏翻脸，别人才不敢欺负你

余欢水（某电视剧中的角色）曾经很胆小怕事，无论别人怎么招惹他、欺负他，他都憋着忍着，等他因为知道自己命不久矣而开始"敢翻脸"的时候，那些平时欺负他的人却退让了，大家对他的态度也来了一个180度的大转弯。

生活中很多时候也确实如此，当有些人发现你好欺负、不会还手的时候，他们就毫不在意你的感受，随意地对你呼来喝去。而你只要稍微强硬一点，让他们觉得你不是那么好欺负的时候，他们反而开始尊重你了。所以，懂得适当"翻脸"，也是一种自我保护。

拒绝导购的邀请

这件真的很适合你，你可以试一试。试试嘛，不喜欢可以再换的，试试又不花钱。

好吧，那你给我拿一件吧。

❌

这件真的很适合你，你就试试嘛，试试也不要钱。

不好意思，我已经买过一件类似的衣服了。

✔

拒绝朋友的邀请

这么多年没见了，后天有个聚会，你一定要来呀，大家都想见见你，你不会让我们失望吧？

哎呀，我正好定了那天的返程机票，我改签一下吧。

❌

好多年没见你了，后天有个聚会，你一定要来呀，大家都想见见你。

这次回来，我主要是看望生病的奶奶。我已经定好了后天下午的返程机票，那边还有工作等着。下次吧，下次我来做东，请大家聚聚，的确是好几年没见了，怪想念的。

✔

第六章

活在当下，
不必忧虑未来

有一种焦虑叫作恐惧，为尚未发生的事情担忧，因可能出现的情况而畏缩。所有因幻想导致的焦虑非但不利于人们规避所恐惧的事物，还会影响自己当前的状态，让自己踌躇不前。把明天的焦虑交给明天，今天只管操心今天的事就够了。

婚后才能知道，日子是一地鸡毛还是幸福满满

当自己马上要结婚时，你总是担心结婚后，自己未来只能围着柴米油盐打转，会不会和另一半吵架，甚至离婚。可是担心又有什么用呢？如果结婚的时机已经成熟，那就好好准备吧。毕竟，只有真正结婚之后，才能知道以后的日子是一地鸡毛，还是幸福美满。

随着婚期越来越近，备婚的你，是不是感觉快要被各种待办事项淹没，每天都徘徊在崩溃的边缘？酒店场地选好了吗？宾客名单和座次安排了吗？宴席菜单定了吗？婚礼仪式的流程排练过了吗？此外，还有婚纱礼服、伴手礼、婚房布置、婚车预约、婚礼摄像……这一切都在无形中加剧了你对未知生活的恐惧。而且，婚姻还意味着责任，从此以后，你就要和另一半共度余生，成家立业，生儿育女了。于是你越想越焦虑，越想越睡不着，甚至产生了逃婚的念头……

在日复一日的胡思乱想下，原本享受甜蜜爱情的你，一不小心就走进了情绪风暴中，对即将到来的婚姻生活充满了焦虑和恐惧。

其实，面对结婚这么大的事情，感到焦虑是很正常的。结婚是两个人的事情，面对压力和焦虑情绪，最好的缓解办法就是让你的另一半也参与进来。

比如很多新娘在备婚时，新郎就像个局外人一样什么也不管。新娘里里外外东奔西走，新郎甚至都没意识到爱人正处在崩溃的边缘。新娘如果能心平气和地说出自己的感受，让新郎一同参与进来分担压力，不但可以缓解自

身的焦虑情绪，还能增进彼此之间的感情。

故事
婚前恐惧症

怎么突然又不想结婚了？

别胡思乱想了，那都是拍给人看的，现实中哪有那么多夫妻不和的情况。

我害怕，我最近内心总是想起一些电视剧的场景。

万一就发生在我身上呢，要不我们把结婚的日子缓一缓？

你别闹了，还缓什么？日子都定了，人也请了，你现在说不想结了是什么意思？

没什么意思，我就是很害怕……

你说话可要算数，我好怕婚姻真的变成坟墓……

你放心，结婚只是让大家做一个见证，我们还是之前的我们，我也会像之前一样对你的。

指点迷津
多沟通交流缓解焦虑

> 一想到马上要结婚，我心里总是莫名地感到焦虑。

> 你这属于典型的婚前焦虑，是正常的。

> 那我该如何缓解这种焦虑呢？

> 不妨多和男朋友沟通交流，坦白告诉他你内心的一些真实想法。

如何缓解婚前焦虑？

○ 放松最重要

缓解情绪问题，最重要的就是要放松。我们可以放空自己，安静地晒一会儿太阳，闭上眼睛，静静呼吸。我们还可以在浴室里点上喜欢的香熏，放一点舒缓的音乐，好好在浴缸里泡一个澡等。

如果你怎么都闲不下来，一闲下来就觉得难受的话，那就去做一些机械的不用费神的事情。比如准备请柬、糖盒，整理房间等。

○ 积极引导

很多人会有婚前恐惧是因为其内心一遍遍提醒自己婚后生活有多可怕，尤其加上备婚的疲惫，人内心的消极情绪更容易被进一步放大。所以，我们不妨对自己进行积极的心理暗示，告诉自己结婚是爱情的升级，一切都会向更好的方向发展。

寻找焦虑的原因，积极沟通，对症下药

　　婚前焦虑的原因有很多，我们要冷静地分析自己会产生焦虑的原因，主动找另一半或者身边的已婚人士沟通，然后对症下药。

　　担心"婚姻是爱情的坟墓"：哪怕爱情再美好，进入婚姻后也很难确保会持续原有的激情和甜蜜，更多的是家庭生活中无尽的琐碎和烦恼。

　　婚姻是爱情的归宿，是两个人感情升华的结果。克服婚前恐惧首先要摆脱对婚姻生活不切实际的幻想，对待爱人，既要能接受优点，也要能接受缺点。新家庭的诞生，也意味着多了一种责任，只有相互尊重、相互体谅，才能经营好自己的小家。

　　担心和公婆合不来：婚后要与男方父母同住，个人的生活习惯，包括作息时间、饮食习惯等，都完全暴露在对方家庭成员面前。由于文化背景、生活习惯等方面的差异，相互间的摩擦也不可避免。公婆能容忍我吗？我能在这个家里过得愉快吗？

　　婚后，各个方面可能都会发生变化，我们需要做好适应新生活的心理准备。我们应该主动创造条件去结识和熟悉那些应该认识的人，以免婚后因为众多陌生人突然闯入自己的生活而感到异常紧张，甚至引起不必要的误会，从而伤害夫妻感情。

　　担心婚外情：社会新闻频频爆出的出轨事件，让准新人们有所顾忌。即使是恋爱多年的情侣，结婚后也会有所谓的"七年之痒""十年之痒"等，让人心慌。

　　爱情没有捷径，只有经营。我们不用太过听信社会事件的报道，日子是自己过出来的。要相信爱情，相信婚姻，用心经营，多学习一些让感情升温的小技巧，婚姻也可以很美好。

积极沟通，应对婚前焦虑

你为什么最近看上去总是心不在焉的?

我一直担心他结婚后就不会对我这么好了，很多男人都这样。

❌

要结婚了，怎么不开心?

✔

可能是我胡思乱想，我怕他结婚以后就变了，我得和他好好沟通下。

采取措施，应对婚前焦虑

放宽心啦，我妈很好相处的。

很多婆婆都会刁难儿媳妇的，我怎么放心?

❌

别紧张，我妈很随和。

听说保持婆媳关系和谐的关键就是保持距离，我们婚后可不可以自己住，周末再回去?

✔

降低期待，别过度担心孩子的未来

孩子会不会长不高，能不能考上大学，工作合不合适，能不能遇见自己喜欢的人……自孩子出生开始，父母的担忧就未曾停止。可是，未来是无法预测的，过于担忧和期待都没有意义，父母能做的只有支持和陪伴。当期待少一点时，焦虑也就会少一点。

社会生活压力大，很多父母嘴上说着不期望孩子有多出息，只希望他们能在社会上立足。可随着时间的推移，很多父母就慢慢偏离了初心。

尤其是在孩子上学后，很多父母开始不自觉地用高标准、严要求去教育孩子，对孩子的期望值也逐渐高了起来，总觉得孩子做得还不够好，督促督促还能更好，结果让自己整日处在担忧和焦虑当中。

父母们似乎忘记了希望孩子健康、快乐的初衷。父母对孩子期望越高，失望就容易越大，焦虑就容易越多。而父母越焦虑，就越容易暴躁易怒，孩子就越成长不好，然后父母就更加焦虑，恶性循环由此产生。

在每一个父母的心中，都有一个理想的孩子形象。作为父母，请先放下过高的期待。我们自己只是一个普通人，我们的孩子多半也是普通人，不要给孩子和自己增加不必要的精神压力。

为人父母，想给孩子最多的关心和爱，这无可厚非，但不要一门心思全扑在孩子身上，从而打乱自己的生活节奏。我们应该学会找到生活的平衡点，过好当下的生活，不要想太多，给自己，也给孩子留一点空间。

故事

妈妈能做的就是好好照顾你

妈妈，我这次考了第16名。

你们班一共才40个人，能考第16名已经很棒了。

妈妈，你和别人家的妈妈有点不一样哦，她们总是会要求孩子考第一。

宝宝，记得早点休息呀，不要看太晚了。

如果你能考第一，妈妈会很高兴。考不了的话，只要尽力了，妈妈也不会怪你的。

知道了，我一会儿就睡了。

妈妈，你怎么不关心我的成绩啊？

妈妈当然关心了，可是妈妈就算着急又有什么用呢？妈妈能做的就是好好照顾你。

指点迷津
降低期待，好好照顾

我一听到周围的人说自家孩子多么优秀，就会担心自己孩子以后没出息。

以后的事情谁也说不清，你的焦虑只是自寻烦恼。

那我该怎么做才能避免这种焦虑呢？

降低对孩子的期待，不要过度苛求他们。有人说，做家长的与其瞎焦虑，不如好好给孩子做顿饭，我觉得挺对。

如何缓解父母对孩子教育和成长的焦虑？

○ 给予孩子信任

每个孩子都是独立的个体，都有权利做出自己的决定。父母要学会相信孩子的能力和判断力。主动培养孩子独立思考的能力，也可以有效减轻父母的焦虑。

○ 建立沟通渠道

父母应该主动倾听孩子的想法和意见，建立良好的沟通渠道，并尽可能地提供帮助和支持。有了通畅的沟通渠道，孩子会更有安全感，父母也会更加了解孩子，不会因为不确定性而担心孩子会"长歪了"。

○ 制定合理规则

家庭规则的制定不仅可以帮助父母更好地管理孩子，缓解父母对孩子失控的焦虑，还能让孩子明确自己的行为准则，以及需要承担的责任。家庭规则的执行需要父母的耐心和坚定，也需要父母对孩子的宽容和理解。如果孩子违反了规则，父母要及时采取相应措施。

态度大挑战
对孩子的期望不要太高

○ 适当降低对孩子的期望值，可以减少父母和孩子之间的矛盾

许多父母在孩子学习成绩和社会关系方面要求过高，不仅使得自身疲惫不堪，还让孩子异常叛逆。父母应当根据孩子的实际情况，综合考虑孩子的个性、能力，合理地设定期望和目标，避免影响孩子的身心健康，造成亲子之间的矛盾和隔阂。

○ 适当降低对孩子的期望值，可以增加家庭的幸福指数

如果父母为孩子设定的目标超出了他们的能力，孩子可能就会因为难以实现目标而感到沮丧甚至愤怒。

孩子考了60分，父母如果只盯着分数，那么家里必定会鸡飞狗跳。相反，如果父母降低期望值，同样是考了60分，但是和上次的55分相比，孩子已经在进步了，父母给予适当的肯定和鼓励，家里必定会从鸡飞狗跳转变为其乐融融。

○ 适当降低对孩子的期望值，还可以有效提高孩子的自信心

如果父母过多地关注孩子的成绩和表现，很可能就会忽略掉孩子的个性和长处，导致孩子觉得自己的价值只基于学习成绩和外在表现，而忽视了对自身潜力的挖掘和认识。

父母不把过高的期望强加给孩子，不对他们过分苛责，鼓励他们探索自己的兴趣，并在适当的领域展示自己的才能，孩子的自信心就会逐渐提高。这种自信心不仅可以帮助孩子更好地应对困难和挑战，还可以让他们更好地发挥自己的潜力。

💡 当孩子考了低分

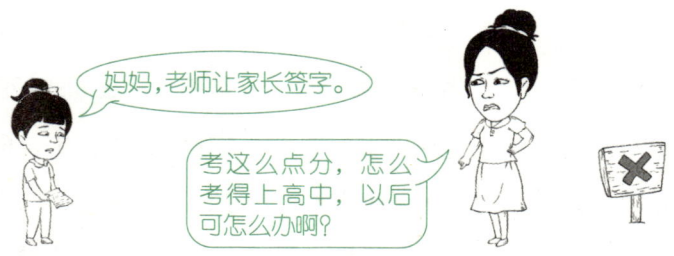

妈妈，老师让家长签字。

考这么点分，怎么考得上高中，以后可怎么办啊？

❌

妈妈，老师让家长签字。

比上次进步了5分，值得表扬。晚上想吃啥，宝贝？

✅

💡 当孩子不想上学

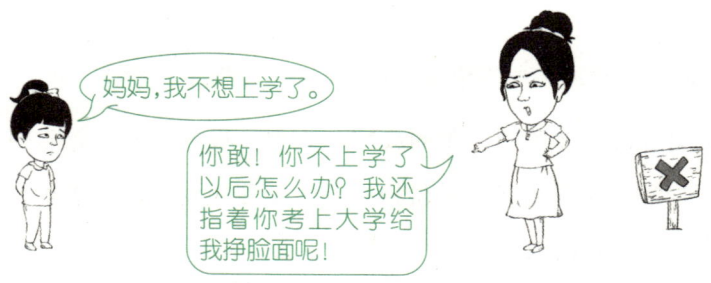

妈妈，我不想上学了。

你敢！你不上学了以后怎么办？我还指着你考上大学给我挣脸面呢！

❌

妈妈，我不想上学了。

为什么呢？你和妈妈说，是不是有了什么想法，还是遇到了什么困难？

✅

努力提升能力，就不用担心会被淘汰

听说公司要裁员，不少人都会心慌，无心工作，整天浑浑噩噩。可越是这种状态的员工就越容易成为"下刀"的对象。与其担忧自己是否会被裁，倒不如努力提升自己，让自己成为团队中的重要角色，这样才不至于被轻易替代。

职场中，裁员的现象随处可见，原因也五花八门。有的人因为跟不上行业发展被淘汰，有的人因为公司经营不善而被裁，还有的人因为不求上进，而岗位竞争又太过激烈而不得不下岗。

职场上那些轻易被淘汰的人，大部分都是因为工作的可替代性太强。老板随随便便找个人，就能将他们替换掉了。比如餐厅里的服务员，干的活最多，工资却不高，就是因为他们工作的可替代性太强了，人人都能做，随时有人可以接班，所以很容易被淘汰。

王洋刚开始工作的时候，父母总唠叨着让他多学习、多考证。王洋想着平时工作也不忙，就报名参加了一些专业技能方面的考证课程。当别人下班撸串、唱歌，尽情放松的时候，他在家苦学课程，专心备考，终于在两年后拿到了证书。谁知证书到手的第二年，赶上公司裁员，而王洋因为有证在手，竟然被划入免试行列，而且薪资待遇还升了一级。

如果你想挣大钱，就必须让自己不可替代。到时候不用你去找钱，钱就会自己来找你。如果你担心被淘汰，就去想办法提升自己的核心竞争力。有了能力，即使被辞退，你也能再就业。

故事
人手一根指挥棒

您可来了，大家都准备好了，都在等您。

急什么，没有我也排练不了呀。

稍等我一下，我得回家取一下指挥棒。

没事，您向乐队其他人借一根就行了。

你在开玩笑吗？乐队里除了我，谁还会带指挥棒，你们带了吗？

我这里有。

可以开始了吗？大家都在等着。

原来我并不是不可或缺的，很多人都在暗自努力。如果我一直懈怠下去，迟早有一天会被别人取代。

指点迷津

不断提升自我，才不会被淘汰

> 公司业务量下降得厉害，有消息说要裁员，我很焦虑，晚上都睡不着。

> 客观地讲，任何人都是可以被替代的，为此感到担忧是正常的。

> 那是不是意味着焦虑也是合理的?

> 一味地焦虑于事无补，不断自我提升的行动才是最关键的，否则被裁掉这一天迟早都会到来。

如何提高竞争力让自己变得不可替代?

○ 保持高水准

在你所做的每一项工作上都努力保持高水准，追求卓越，充分展现出你的职业素养。你需要定期审视公司及客户的期望，并以此来衡量自己，保证自身的业务能力符合他人预期。

○ 超越预期

你可以参考上级的职位描述，或者主动向上级询问任何可能的机会，承担额外的责任，并在日常工作中完成更多更高级别的任务，从而超越他人的预期，提升竞争力。

○ 培养专项技能

试着找出团队中最不可或缺的技能，努力成为掌握这项技能最厉害的人或者唯一的人。当你成为某一重要领域的专家时，你不仅会为团队增加价值，还会成为团队中最不可替代的人。

○ 提升信赖度

当你持续正确且及时完成分配给你的任务时，当同事向你寻求帮助你能提出建设性意见时，当领导提出需求你能担当重任时，你的团队和领导就会越来越信赖你。

态度大挑战
努力提升自己，避免被淘汰

● 坚持学习，避免被淘汰

坚持学习是指系统地学习。比如，认真看完一本书，或者研究一个新的知识体系。而不是刷各种爆米花美剧，然后告诉自己是在学英语；刷各种小视频，然后告诉自己是在拓宽知识面；又或者刷各种知识类应用程序，收藏各种看起来有用的文章，但仅限于收藏……

这种所谓碎片化的知识，其实没有任何作用，除了贩卖知识焦虑，让你多知道几个厉害的名词外，并没有让你形成知识体系，更别提改善思维模式了。

● 拓展经验范围，不怕被淘汰

工作几年以后，我们的核心竞争力就不只是工作能力了，还有工作经验，一个人的工作经验是他再就业的一种保障。然而，很多人就是仗着自己有了足够的工作经验，就误以为不需要再学习和拓展了。

事实上，经验都有一定的有效范围和时效性，很多经验到了陌生领域就失灵了。因此，我们一定要想办法拓宽自己的经验范围，尝试将自己原有的经验应用到新兴领域当中去，不断地调整完善，基于旧有经验形成一整套新的思维模式，如此才能更好地应对未来的工作变化。

提升专业知识，避免被淘汰

最近怎么看起来气色不太好？

部门新招了一些人，技术好，年纪还小，我怕过不了几年自己就要被淘汰了。

最近怎么看起来气色不太好？

买了几本专业的书，晚上学习得有点晚，这不是怕自己被淘汰嘛。

提升专业技能，不怕被淘汰

你听说了吗？技术部的老李被裁了，你说会不会轮到咱们？

是吗？这么多年的老员工都被裁啦，这也太不讲人情了。照这样下去，我们很可能会成为下一个。

完了，这次公司有点狠，连为公司卖了十几年命的老李都裁了，我们离被裁恐怕也不远了。

别瞎想，好好磨炼专业能力，就是被裁了也不怕。

下篇

不生气

第七章

人间处处美好，
何必为小事抓狂

坐地铁时被踩脚，排队时被插队，刚收拾干净的房间又被孩子弄得一团糟……很多时候，我们总是为了一些小事生气，即使是毫无意义的意气之争。仔细想想，世间那么多美好的事物等着你去体验、去欣赏，又何必为一些小事烦恼？

↳ 遇到挑衅，让对方把拳头打在棉花上

　　生活中，很多人遇见无故挑衅的人往往会意气用事，轻则口舌相争，重则大打出手，让自己怒火焚身。假如我们在面对挑衅时，保持内心"岿然不动"，以柔克刚，那么对方的拳头就像打在棉花上，根本伤不了你。

　　生活中，难免会有人横眉冷眼地对你指手画脚、挑衅刁难，甚至污蔑辱骂。如果你因为受不了而生气，未免有些不值得。

　　别人越是想挖苦你、嘲讽你，甚至故意激怒你，你越要顺着他说，比如他说你胖，你可以回："嗯，我是挺胖的。"他说你丑，你可以回："我也觉得自己挺丑的。"如此一来，对方的拳头就像打在了棉花上，反而会自觉无趣，最后灰溜溜走人。

　　在双方争执的时候，经常会出现"你有病吧""你父母怎么教你的""你是3岁小孩吗"之类的挑衅和羞辱，此时你越是愤怒回应，事情越是会没完没了，更多难听的侮辱性的词语都会脱口而出，你越会负面情绪爆棚。

　　如果你能保持内心的平静，不生气，并用幽默的方式机智反击，比如对方说："你父母怎么教你的？"你回答："我父母教我不可以问这么没礼貌的问题。"就会让对方把拳头打在棉花上，想发火发不出来，最终只会觉得尴尬和羞愧，甚至还会给你道歉。

　　人生苦短，不要让不愉快的心情影响你。面对他人的嘲讽、非议、责难，

要始终保持好心情。面对挑衅，保持微笑，就如让对方的拳头打在棉花上，有力使不出。

故事
猴子和漂亮的猴子

没想到你也会看这种书？

随便翻翻而已。

按照书中的论断，人类都是由猴子变来的？

是的，书中列举了很多依据。

其实也不用什么依据，看你就能看出来。

其实你我都一样，只不过有一点差别。

怎么说？

我是只普通的猴子，而你是一只漂亮的猴子。

指点迷津
用沉默和幽默打败挑衅

> 为什么我总是忍不了别人对我的挑衅？

> 因为你过于计较言语上的得失，有时候你越是回应，对方就越开心，你就越生气。

> 那我该怎么办？

> 要么沉默以对，让对方唱独角戏；要么幽默反击，让对方哑口无言。

面对挑衅，我们该如何应对？

置之不理

正所谓，一个巴掌拍不响。遇到挑衅，如果我们用过激的手段去对待对方，可能正中对方下怀。但如果我们置之不理，沉默以对，对方很可能会觉得自讨没趣，最终将事件平息。

以弱示强

遇到挑衅，示弱可以让强者感到无所适从，不仅无法让其感受到挑战的刺激性，还犹如一拳打在了棉花上好没意思，甚至还会让其反思自己的格局，进而羞愧难当。

发愤图强

遇到挑衅，与其跟对方争得脸红脖子粗，不如修身养性，发愤图强壮大自己。你只有足够强大，内心足够坚定，才会自觉远离无用的争辩，才会有底气笑对一切责难。如果你足够强大，便无须通过各种方式来获得胜利感，从而无惧任何挑衅。

态度大挑战
面对挑衅，学会这两招

● 巧用幽默应对挑衅

面对别人过分的言语挑衅，我们头脑中最直接的反应就是愤怒和反抗。但是如果直接反唇相讥只会导致双方积累下矛盾，甚至还会让对方更加得意。相反，如果面带微笑，并用开玩笑的口气加以反击，不仅不会激化矛盾，还能展现自己的格局和智慧。

比如，身边的人不是很熟，却经常张口管你要东西。这个时候，你就可以用夸张的语气，笑着说道："要不你看我身上啥好，全拿走吧！你看我这个人怎样，也送你了！"

● 巧用话术应对挑衅

遇到别人的挑衅或者不礼貌的言语，可以巧用以下话术进行应对，并调整自己的心态。

"你的话伤不到我，我对于不值得听的话有免疫力。"这句话可以传达出自信和坚定，表明对方的言语无法动摇你。

"我不需要向你证明什么，我知道自己的价值。"这句话强调自我价值不需要他人的认可。

"如果你没有什么有意义的事情要说，不如让我来聊点别的吧。"这句话可以明确表达对对方挑衅言语的忽视，并将对话转移到更愉快的话题上去。

"我不想花费时间和精力在无意义的争吵上。"这句话展现了你的态度和格局，表明你还有比争吵更重要的事情要做。

💡 巧用沉默应对责难

你这么大个人怎么欺负小孩子呢？

你有病吧，你孩子摔倒了，是我把他扶起来的，这里这么多人都看着呢。

❌

刚才那个孩子的妈妈冤枉你，你为什么不说话呢？

大家都看见了，是我扶起来的孩子，我何必要和她针锋相对呢？

✅

💡 巧用幽默反击挑衅

我是绝对不会给一个傻子让路的。

你说我是傻子，你才是傻子呢！那今天谁也别想过去了。

❌

我是绝对不会给一个傻子让路的。

巧了，我正好和你相反，我会给傻子让路。

✅

整天纠缠于鸡毛蒜皮，就没时间关注美好

让我们生气的常常不是什么大事，而是鸡毛蒜皮的小事，如坐车时不小心被人踩了一脚、回家后老婆忘记做饭等。如果我们整天忧烦、纠缠于这些小事，就不会再有时间和心思去关注那些美好的事物了。

生活中，我们经常会看到有的人动不动就生气，甚至大发雷霆，争个面红耳赤，说起来不过都是因为一些鸡毛蒜皮的小事。人生苦短，为这些微不足道的小事浪费自己的时间，耗费自己的精力，是不值得的。

妻子炒了一盘青菜，不小心盐放多了，丈夫就质问妻子菜为什么那么咸，妻子也毫不客气地回怼道："你来炒！"就这样你一句我一句，两人越吵越厉害。

其实菜炒咸了一点，是小到不能再小的事情了，实在吃不了倒掉重新炒一盘都可以，何必为了这点小事而吵得不可开交，把夫妻间的感情都吵淡了。

因为一些鸡毛蒜皮的小事突然发火、出口伤人、乱摔东西等，其实反映出了自己缺少必要的情绪管理能力。若不想整日纠缠于鸡毛蒜皮当中，最重要的是要学会控制和调整自己的情绪，遇事时不能任由自己的情绪为所欲为，消极被动地被情绪牵着鼻子走。

别再纠缠于那些鸡毛蒜皮的小事了，那些小事决定不了我们的幸福，而对待那些小事的态度则能影响我们的心情和生活质量。当我们把目光从那些糟心的小事上移开时，我们才会有时间和精力去关注生活中的美好。当我们能够控制好自己的情绪，不受那些小事的影响时，我们的内心才会变得越来

越温柔，也越来越强大。

故事
不值得生气

我最近总是生气，你有什么办法能让我不生气吗？

这好办，你跟我来。

我现在把你锁在里面，你在里面想一想自己总爱生气这个问题。

一小时了，还生气吗？

行不行啊，你这方法？

我只生自己的气，为什么会来找你？

又一小时了，怎么样？还气吗？

不生气了，因为不值得生气。

指点迷津
解决问题而不是生气

为什么我总是因为一些鸡毛蒜皮的小事生气？

因为你太在意那些让你生气的事情。

那我该怎么做才能不生气呢？

不主动发难，不在意那些刺耳的话，以解决问题为主要目的。

如何才能让自己学会控制情绪，从而不必纠缠于鸡毛蒜皮的小事当中呢？

◎ 学会正确发泄情绪，就能自我调节

遇事并非只能忍耐，也没有必要隐藏自己的真实感受，我们完全可以找一个隐蔽的地方，把自己的不良情绪发泄出来，或大哭一场，或大笑几声，都能让自己冷静下来，然后再来思考处理问题的方法。

◎ 转移注意力，给自己一个缓冲

遇到情绪失控的时候，我们可以想办法转移一下自己的注意力，让自己去忙点别的事情，或者离开当前让你发怒的环境，给自己一个缓冲的时间。等到自己冷静下来后，再来处理让自己情绪失控的事情。这时候你更容易看清楚问题的本质，处理起来也就会更简单一些。

态度大挑战
人生除了生死，都是小事

○ 不因为鸡毛蒜皮的琐事而生气

我们时常感叹生命的短暂，却又成天因为一些小事而纠缠不休；我们都认可"成大事者不纠结"，却又在实际行动中纠结个没完；我们总觉得活得太累，却不曾想过累是因为一些鸡毛蒜皮的小事。我们因为这些小事而深陷情绪泥潭，实在是得不偿失。

○ 不因为和他人的小冲突而生气

与人打交道，难免会有矛盾和冲突，如果没有涉及原则和底线，其实完全没有生气的必要。让小冲突发展成大麻烦，不仅耗费大量的时间和精力，还对解决问题没有任何帮助。不生气，理智解决矛盾，才是正确的应对方式。

○ 不因为别人的错误而生气

人非圣贤，孰能无过？而且，别人的错误并不是我们造成的，我们没必要因此影响自己的好心情。如果因为别人的过错而使我们的利益受损，那么我们只需要心平气和地指出来即可，大可不必生气。当我们选择不为别人的错误而生气时，我们将会让自己的内心更加平静，同时也会拥有更积极的人际关系。

○ 不因为被人支使而生气

当我们不够强大，尤其是处于职场底层的时候，难免会遭遇被别人随意支使的情况。这个时候，生气完全没有必要，让自己足够强大才能摆脱被无端支使的境况。而对于亲近的人，我们可以适当表达内心的感受，让对方更加理解你、体谅你，而不是大发脾气，那样只会把对方推得更远。

💡 不要因为别人的错误而生气

您一共消费 100.89 元，请支付。

❌

什么情况？上面明明写了 8 折，你还按原价收费，你们这是欺骗顾客！

您一共消费 100.89 元，请支付。

✓

今天三八节，不是全场 8 折吗？您好像忘记给我打折了吧。

💡 不要因为被人支使而生气

你能不能做做家务，一回来就躺着。

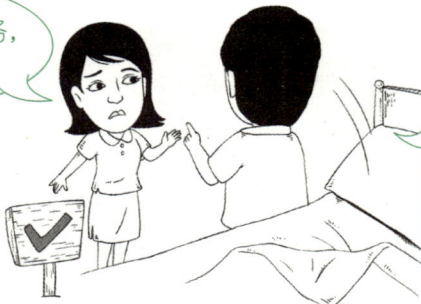

❌

在公司领导支使我干活儿还不够吗，回家你还支使我？烦得很。

你能不能做做家务，一回来就躺着。

✓

来啦，要做什么？请老婆大人尽管盼咐。完事咱俩去散散步，我看小区里的白玉兰都开了。

不必在意他人的评价

　　我们经常会因别人的一句话而愤怒或忧伤。可实际上，这些评价或许是无心之语，又或许是刻意贬低，带有强烈的主观色彩，根本没什么参考价值。别人说什么，随他去，这样你便能成为世间自在人。

　　周国平曾说："我从来不在乎别人如何评价我，因为我知道自己是怎么回事。如果一个人对自己没把握，那么他就很容易在乎别人的看法了。"

　　过分在乎他人的评价，往往是因为我们没有找到自己的价值，所以希望通过讨好他人来证明自己的价值，甚至希望通过他人的认同来凸显自己的价值。

　　士成绮听说老子很有学问，就跋山涉水去拜访老子。可到了老子家，他却发现老子的家里乱七八糟的，就像个老鼠洞，于是便毫不留情地指责了一番，然后愤然离去。老子听了不为所动，还是该干吗干吗。

　　第二天，士成绮觉得自己的做法有点过了，就又去找老子道歉。结果老子却云淡风轻地说道："你不必跟我道歉，我根本没有在意你的批评。"

　　老子心中有大道，对于他人的批评和道歉丝毫不在意。你说什么，只是你说而已，并不能影响我，也不能改变我，这便是老子的哲学智慧。

　　我们经常过分重视他人对自己的看法，这是很大的弱点，也是我们不容易快乐的根源。做一个重视自己想法、讨自己喜欢的人，努力去过自己喜欢的生活，换一种人生的打开方式。

故事
谁该骑驴

这个父亲真狠心，自己骑驴却让儿子走路。

儿啊，还是你来骑驴吧。

您也上来吧。

这个孩子真不孝顺，自己骑驴却让父亲走路。

这爷俩心真够狠的，这么一头瘦驴怎么能禁得住两个人的重量呢？

哎呀，差点忘了驴子的感受。

这两个人真傻，放着驴子不骑，却愿意走路。

老天爷呀，到底怎么做才对啊？

指点迷津
不被外界评价牵着走

> 为什么我只要听到一点不好的评价就会特别烦躁？

> 因为你太过在意别人对自己的评价。

> 那在评价面前，我该怎么做才能少生气、不生气？

> 外界评价都是无关痛痒的，千万不要被它牵着走。当你能够无视评价时，自然就能够不生气。

怎样才能不在乎他人的评价？

保持自信

只有当你充满自信时，你才能不受别人评价和指责的影响。为此，我们需要认识并充分发挥自身的优点和长处，在日常生活中不断提升自身的能力，磨炼自己的意志，让自己更有自信，让自己的内心更加强大。

理性看待

在面对他人的评价时，我们需要学会理性看待，不要被一时的情绪左右。我们需要听取别人的意见和建议，但也要学会判断这些意见和建议是否合理适用，而不是盲目接受。如果别人的评价和看法并不中肯，甚至与我们的价值观不相符，我们便无须放在心上。

关注自己的目标

当我们关注自己的目标，或者当我们有更远大的目标时，我们就不会那么在意别人的评价了。当我们明确了自己的目标和方向，然后将全部精力投入其中时，别人的几句嘲讽往往就无关痛痒了。

态度大挑战
别人的评价真的没那么重要

○ 不用在意别人的评价，因为对任何事物的评价都有诸多版本

对于同一个事物，在不同人的眼中，看法是完全不一样的。受众人敬仰的神树，却入不了木匠的眼，因为木匠只关心木材质量的好坏。

一个女孩子长得很漂亮，有人由衷地赞美她"倾国倾城"，并倾尽全力去追求她。然而也有人觉得她是"现代版林黛玉"，空有一副好皮囊，煮饭下地样样不行，中看不中用。还有人觉得她是"蛇蝎美人"，脾气暴躁，耍起阴谋诡计来从不手软。这些评价，都有一定的道理，只是评判角度不一样而已。

不必在意他人的眼光，任何外人的评判角度都会存在很大偏差，大多数人也只是站在个人角度，根据自我喜好做出的评价而已。即使你做得再好，也免不了被指指点点。

○ 不用在意别人的评价，因为外界的评价只是参考

在这个信息爆炸的时代，我们每天都会接收到各种声音，有些是正能量的，有些则是负能量的。我们必须明白，外界的声音只是参考。如果我们不开心，我们也可以选择不去参考，因为外界的声音从来没有你想象得那么重要。

我们每个人都有自己的思想和价值观，这些都会影响我们对外界声音的态度。有些人会非常在意别人的看法，然后他们的情绪和行为就会因此受到很大的影响。但其实，外界的声音只是参考，我们完全可以有自己的判断和思考，从而不受外界评价的干扰。

不用在意别人的无端指责

那天小李喝醉了，说你当面一套，背后一套呢。

谁能比得了他，干啥啥不行，拍马屁第一名。别让他落在我手里。

那天聚会，有同事在背后说你坏话。

爱说啥就说啥呗，别人的嘴我又管不了。

不用在意别人的冷嘲热讽

哎哟，这怎么还骑电动车上班，现在谁不买辆车啊？

我愿意，你管得着吗？我可不像有些人借钱买这买那的，装什么装啊！

哎哟，这怎么还骑电动车上班呢？现在谁不买辆车啊？

骑电动车方便，还不怕堵车，我觉得挺好的。

第八章

有一种快乐叫放下

当一个人放不下过去的伤痛，放不下无意义的坚持，放不下对未来的忧虑时，就像背着石头上路，会特别累。快乐的真谛在于，改变可以改变的，改变不了的去承担，无法承担的就放下。只有放下，才能脚步轻快地前行，才有心情去欣赏身边美丽的风景。

失去了就不要太在意

生活中，我们或多或少都会遇到一些不顺心的事，但再怎么悔恨、愤怒，也无济于事，不如向前看，去认真对待接下来将要发生的事。一味地回头看，反而会让自己再次跌倒。

我们经常会经历"失去"的时刻，失去一份喜欢工作的录取通知书、一次晋升的机会、一位曾经朝夕相伴的朋友、一位挚爱的亲人……其实，我们每个人的人生都是伴随着一系列的失去而逐渐成长起来的，从容面对失去，因为失去也正是得到的开始。

晋国有一个并不富裕的农夫丢了一头牛，可他一点也不在乎，还是整天乐呵呵的。旁人不解地问他："你不心疼吗？怎么不去找牛？"农夫笑笑说："牛丢在晋国，肯定被晋国人捡到了，我找它干吗？"孔子听后说："把'晋国'二字去掉不是很好吗？"老子听后说："把'人'字去掉就更好了。"

晋国农夫没有因为丢牛而介怀，而是从容又洒脱地把"自己之物"推及为"晋人之物"，从而得出"一国之内，物无所谓得失"之说。而孔子则认为，不应该受国家的局限，应该把"自己之物"推及为"世人之物"。老子就更厉害了，他觉得万事万物都属于大自然，应该把"人之物"推及为"自然之物"，可谓至高境界。

人生得失是常事，有些东西失去了就是失去了，与其耿耿于怀，不如站在更高境界，笑对得失，看淡得失。

故事
不必为碎了的花瓶耽误时间

你的花瓶掉了一个。

你的花瓶碎了。

谢谢，我会把它扔到垃圾箱的。

那花瓶很好看啊！真可惜。

我知道啊。

那你怎么一点也不心疼啊？我看你好像没事儿人一样。

既然花瓶已经碎了，我又何必为它耽误更多时间？况且，天马上就要黑了，我急着回家做饭呢。

指点迷津
旧的不去，新的不来

> 前一阵子我手表丢了，真心烦。

> 那你仔细找了吗?

> 找了，没有找到。

> 丢了是挺可惜的，但找不到就算了，旧的不去，新的不来嘛。

如何面对已然失去的人和事物?

○ 接受现实

面对失去，认清并接受现实是第一步。不要抱怨、否认或者试图改变不能改变的定局，这只会让你感到更加痛苦和无助。

○ 给自己哀悼的时间

与自己不舍的情绪和解，给自己一点消化负面情绪的时间。允许自己流泪、哀悼、倾诉悲伤，安排一个适当的时间来缓解内心的痛苦。

○ 寻求外界的支持

当你因失去而感到苦闷时，不妨向周围的家人、朋友甚至心理医生寻求帮助。你可以和他们谈论你的感受和问题，寻求他们的支持。

○ 寻找生活的新方向

面对失去，我们不妨去寻找一些积极的新事物，让自己投入到有趣的、有意义的活动中去，开启新生活。比如旅行、运动、参加志愿活动等，通过转移注意力的方式来缓解内心的痛苦，并在新生活中建立新的目标。

态度大挑战
放下前任，放过自己

前任结婚了，与其自怨自艾、自暴自弃，不如放下对方，也放过自己。

♀ 感到失落是正常现象

我们都曾想过与前任"执子之手，与子偕老"，只是这样的念想在分手的那一天就破碎了，而在得知前任结婚的这一瞬间，就彻底没了希望。这就相当于在说，那段刻骨铭心的爱情至此彻底结束了，所以，我们感到失落、心烦是再正常不过的事情了。

我们需要明白的是，我们最终没能和前任在一起，并不是因为前任有了结婚对象，而是在很早之前，我们就和前任有了不可调和的矛盾。正是那些矛盾才导致了分手，这与前任结不结婚、和谁结婚、什么时候结婚都没有关系。

♀ 我们都会有各自婚嫁的那一天

我们会得知前任结婚的消息，而在未来的某一天，前任也会得知我们结婚的消息。我们和前任都会有各自婚嫁的那一天，无非是早晚的问题，不需要觉得不平衡。既然我们不能给前任真正的幸福，就接受这个现实并衷心祝福对方吧。

♀ 不要说前任的坏话

想要发泄难受的情绪，那就单纯地发泄即可，不要夹杂任何指责和贬损的话语。随意去说前任及前任现任的坏话，只会让我们看上去很低级、很狭隘。这些伤人的话，对任何一方都没有好处。我们越是骂骂咧咧，越是不服气，就越痛苦，越放不下，甚至还会因此上头，冲动地去做一些让自己后悔的傻事。

💡 手机丢了就换新的

听说你手机丢了，找到了吗？

没有，出去遛个弯儿，居然能把手机丢了，我真服了我自己。

❌

听说你手机丢了，找到了吗？

没有，我买了一个便宜的先用着，一会儿去补张电话卡。

✅

💡 冷静对待前男友结婚

听说你前男友结婚了？

是呀，可惜站在他身边的人不是我，我们明明也有机会的。

❌

听说你前男友结婚了？

好像是有这么回事，他岁数也不小了，该结婚了。

✅

别把曾经的错事刻在心上

　　人的一生中免不了犯错，每一个错误都会为我们提供经验和教训，让我们不断地成长。可有些人却一直不肯放过自己，整天沉浸在过去的错误中自我惩罚，浑浑噩噩地度日。过去的事情终究已经过去，要懂得给自己重新开始的机会。

　　生活中，很多人都喜欢抓着自己的错误不放。因为错过公交车，便懊悔自己为什么不能早点出门；因为一次考试没考好，就轻易地否定自己，从此失去信心；因为一次失败，便选择了放弃……

　　事实上，错过公交车，如果着急还可以打车或者换别的交通工具，如果不是很着急，便可以放平心态，说不定会有一段不一样的旅程；考试没考好，可以虚心请教，针对薄弱环节重点学习，下一次依然可以用优异的成绩来证明自己；失败了，就冷静分析问题所在，及时调整方法，弥补不足，争取下一次取得成功。

　　没有谁不犯错，有些错误既然已经发生，就不要为一个不能改变的事情去为难自己、惩罚自己。我们要做的是引以为戒，放下错误向前看，以免错过前方更多的风景。

故事
感谢你把稿子弄丢了

我写了一篇小说，你不是有个作家朋友吗？你帮忙请他看看怎么样？

没问题，我那个朋友可是省作协的。

你那个小说电脑里有没有备份？

没有，我还没来得及输到电脑里呢。怎么了？

完蛋了，我对不起你。我回家将小说放在桌子上了，后来我老婆将它当成废稿给扔了，找了好久都没找到。

啊？那可是我花了好几个月的业余时间才写成的。

算了，你老婆也不是故意的。我重写一遍吧，反正都在我的脑子里，正好可以再改一改。

对不起，我老婆她……唉，我知道我现在说什么也没有用了。

给你，找你的作家朋友帮我看看吧。

你放心，我这次保证送到，绝不会再丢了。

是吗？我先拜读一下。

还记着上次的事呢？我还得感谢你把稿子给弄丢了呢，我觉得这次写得比上次好多了。

指点迷津
不要拿过去的错误惩罚自己

> 为什么我总是放不下之前做过的错事？

> 因为那件错事曾给你造成了很大的困扰，你还在生自己的气。

> 那我该如何放下？

> 从错误中吸取经验教训，让自己获得成长，不要拿过去的错误来惩罚自己。

面对曾经的错误，我们该如何调整自己的心态？

♀ 不执着于曾经的错误

昨日之日不可追，过去的已经过去，错误也成事实，我们再怎么懊恼也于事无补。过于在乎曾经的错误，只会给自己套上一个思想的枷锁。认识到错误，尽量做到不再重复错误，才是对待错误的最好方式。

♀ 正视错误的存在

犯错不可避免，错误是必然存在的。犯错也有助于我们成长，因为只有犯错，我们才能更清楚地知道自己的不足，才能成为进步的动力，进而成就更好的自己。

♀ 输得起才能赢得起

犯错是取得进步交付的"学费"，一个人，只有输得起，才能赢得起。曾经的错误只是曾经，不能成为现在的标签，更不能影响我们的未来。只有坦然接受曾经的错误，放下不堪回首的过往，我们才能勇往直前。

态度大挑战
错了也不必耿耿于怀

在人生的旅途中，没有任何一件事情大到可以直接决定一个人的人生。即使是在以下这几件"错事"上也不用耿耿于怀。

♀ 选错工作

专业再差，也不是只能干专业对口的工作，工作再差也是自己选的，而且还可以跳槽。沉湎于过去的错误，并不能改变任何事情，只会让自己变得越来越消极。聪明的人懂得更重要的事是不断提升自己，抓住机遇，跳出牢笼。

你想要什么样的工作，就要有相匹配的能力。机会只留给有准备的人，耿耿于怀没有任何作用。老板不会因为你多说几句话就给你涨工资，凡事要靠自己去改变。

♀ 选错爱人

人生路上，我们会遇到很多人，选错爱人也很正常，或因为年少无知，或因为识人不明，就算怒其不争，哀己不幸，也于事无补。聪明的人，要么走，要么留，走就走得干脆，毫不拖泥带水；留就留得彻底，坦然接受这个人。

另一半不会赚钱，我们可以自己赚；另一半不会带孩子，我们就自己带。人的潜力是巨大的，遇到问题，正视问题，才能想办法解决问题。选错爱人不可怕，可怕的是选错后只知道抱怨，从未尝试过改变。

♀ 说错话

说出去的话，如同泼出去的水，是收不回来的。当我们说错话时，总会后悔不已，想着时光如果倒流，一定不会说那些话，一定谨言慎行。可是时光能倒流吗？不能。

既然说错了，就接受这样的事实，该道歉道歉，该弥补弥补，处理完后就翻篇儿。与其浪费时间自责懊悔，不如做点更有意义的事，让自己变得更好。

找工作时不纠结于专业的选择

最近工作找得怎么样?

没有找到呢,我就说一开始的专业选错了,你说我当时怎么想的呢? 现在只能走一步看一步了。

最近找到工作了吗?

没有,不过快了。我打算换行业了,最近正在参加培训。

过年回家时不纠结于挣得太少

过年回家吗? 你可好多年没回来了,爸妈都很想你。

不回去,混成这样,有什么脸回去?

过年回家吗? 你可好多年没回来了,爸妈都很想你。

回家,虽然没挣到什么钱,也得回去看看二老。

记得别人的好，忘记别人的不好

当我们一直对别人给自己的伤害耿耿于怀时，就是在用别人的错误来折磨自己，让自己沉浸在怨恨和愤怒的情绪中。可如果我们忘记别人的"不好"，将感恩时刻装在心里，在与人相处时就会更加融洽。

生活中，我们总是很容易记住别人的"恶"，而忘记别人对自己的"好"，于是变得愤世嫉俗，郁郁寡欢。

大飞和小余一直是很好的朋友，大飞从小家境不好，这些年多亏了小余的支持和帮助。最近大飞准备买房，还差一点钱，便向小余借钱，但小余因为刚刚投资了理财，一时周转不开，便向大飞说明了情况并希望他能谅解。谁知大飞听了觉得小余只是在找借口推托，并不想帮忙，于是两人渐渐疏远。

很多人往往只知道索取，却不懂得感恩和理解，别人对他千百次的好，他总能心安理得地接受，而只要一次没对他好就会怀恨在心。这样的人很难活得开心，也很难交到真正的朋友。

在人与人的相处中，会发生很多事，有好的，有坏的。一个人如果只记得别人对自己的伤害，却忽视了别人对自己的关怀，只记得别人在不经意间的一个小失误，而忘记别人是出于好心，往往会活得很痛苦。

记住别人的好，带着一颗感恩的心去生活，远比记住别人的"不好"，怀着一颗怨恨之心痛苦地生活，要强得多。朋友之间，记住对方的好，就会拥有更多朋友；情侣之间，记住对方的好，放大对方的好，就会更恩爱；家庭成员之间，记住对方的好，这个家就会更和睦融洽。

故事
把朋友的好写在石头上

你最近手头有钱吗？能不能借我一点？

你又借钱干什么？这么大人了，天天借钱，我没钱。

你在写什么东西？

我要记下来，我最好的朋友不肯借钱给我，我很生气。

今天，我最好的朋友救了我的命，我要记下来。

神经病，不会游泳还往水里跳！

为什么我对你不好的时候，你记在沙子上，而我救你的时候，你却记在石头上？

当你有负于我时，我记在沙子上，风一吹什么都没有了。当你有恩于我时，我记在石头上，就永远也不会忘记。

指点迷津
忘掉别人的不好，记住别人的好

为什么有些人表现得很好，但我还是看不惯他们？

因为你始终忘不了他们曾经对你的伤害。

他们伤害过我，我生气难道不对吗？

与其让怨恨不停地折磨自己，不如忘记伤害。谨记对方的恩情，才能让自己的心态更为平和。

如何培养一颗感恩之心？

🔾 学会感谢身边的人和事

生活中总会有一些人，帮助我们度过一段段难以承受的时期。我们要始终怀抱一颗感恩之心，随时随地表达我们的感激之情。这样不仅能让帮助我们的人感到欣慰，也会时刻提醒自己别人对我们的好。比如逢年过节可以给他们送一些小礼物，写一些表达感谢的卡片，等等。

🔾 学会珍惜当下

我们应该学会珍惜当下，生命中的人、事、物都应该好好珍惜。我们要懂得生命的无常，时刻保持一种警醒的态度。只有珍视当下，才能看到生命的美好，这种美好可以更好地维持我们的幸福感。

总之，培养感恩之心需要我们保持一种内心的平衡，以及通过对生命无常的认知，学会珍惜身边的人和事。

态度大挑战

记住别人的好，忘记别人的不好

♀ 记住他人对你的好，做一个知恩图报的人

那些习惯记住别人好的人，通常很少有烦恼，因为他们心中已被美好充满，没有地方容纳负能量了。其实并没有人真正亏欠我们什么，是我们把别人的好心馈赠当成了理所当然。每个人都有自己的不容易，我们需要多看见别人的好，感念每一份小小的恩情，才不负彼此相识一场。

♀ 忘记他人对你的不好，做一个豁达大度的人

记住他人的好，或许很容易做到，但要忘记他人的不好，却有点难。

有的人特别喜欢记住他人对自己的不好，并暗暗下决心，等自己有能力的时候一定还回去。以直报怨，并没有什么错，但是把别人小小的过失或者小小的敌意放在心上，成为自己的思想包袱，往往就得不偿失了。

人活着，少一分计较就会多一分开心。对待身边人，要学会接受彼此的不完美，用包容的态度去原谅彼此的问题，用宽容的心去理解别人的难处，做一个豁达的体面人。

♀ 按照自己的规则进行社交，做一个积极主动的人

在人际交往中，我们要把握自己的节奏，而不是被动地以他人对自己的态度来对待他人。我们需要积极主动一点，按照自己的规则进行社交，不被他人的态度干扰，从而把握社交的主动权。

我们要保持良好的心态，记住别人的好，忘记别人的不好，按照自己的规则，不卑不亢地和每个人交往。不要轻易放弃任何一个与他人成为朋友的机会，说不定你原以为的"深仇大恨"只不过是一次阴差阳错的误会。

感念朋友的好

你这朋友不错呀，请咱们吃这么贵的饭。

谁知道他今天抽什么风，平时抠门得很，每次结账都是假装掏钱包，也该他出出血了。

你这朋友不错呀，请咱们吃这么贵的饭。

是呀，这家伙对朋友挺大方的。

感恩别人的善心

听说你公司患癌的同事拿到捐助了？

是呀，我还陪着人家演了一场献爱心的戏，装模作样地发善心，真受不了。

听说你公司患癌的同事拿到捐助了？

对呀，我同事家庭条件很不好，这笔钱可帮了他的大忙了。我很感谢捐助的人，还和他们拍照留念了。

第九章

失去也是一种拥有

　　人不会因得到一件东西而开心
一整年，却会因失去一件东西而郁
郁终生。失去的刺激远远大于得到，
可有时候所有失去的东西，都会以
另一种方式归来。同时，失去也能
让人更容易看见自己所拥有的一切。

塞翁失马，焉知非福

　　挫折一直被认为是不利于个人发展的事情，但有时候福祸之间并没有绝对的界限。任何事物都有两面性，在遇见挫折时，如果以乐观的眼光去看待，就会发现潜藏在挫折背后的机会。

　　事物之间是普遍联系的，一个看似不幸的事件可能会引发一系列的变化，最终导致意想不到的好结果。在经济危机中失去工作的人，可能会在寻找新工作的过程中发现自己的潜力，从而找到更好的发展机会。在逆境中成长的人往往更加坚韧，也更有信心迎接生活以及未来的挑战。

　　国王和他的朋友去打猎，途中，国王的马受惊，慌乱中国王失去了一根手指头，国王疼得要命，朋友却在旁边念叨着这未必是坏事。国王觉得他在幸灾乐祸，一生气就把他关进了监狱。

　　一年后，国王又出去打猎，这次他不幸被原始部落的食人族抓了去，这些野人正准备吃掉国王的时候，发现他少了根手指头。按规矩，食人族不能吃身体有残疾的人，于是他们就把国王放了。

　　国王逃回来后十分感慨，赶忙把朋友从监狱里放了出来，并向朋友道歉，朋友笑道："没事，你把我关起来也不是坏事，不然我就会跟你去打猎，然后我肯定就被吃掉了！"

　　福祸相倚，没有绝对的"绝境"，换一种角度看世界，我们就可以找到"反败为胜""转危为安"的生机。同时，越是顺境，我们越需要小心警惕，避免物极必反、乐极生悲。

故事
塞翁失马焉知非福

听说你的马丢了，你也别太着急了。

马丢了也许是一件好事。

恭喜，不仅马失而复得，还为你带来一群好马。

唉，年纪轻轻就摔断了腿，这可如何是好啊？

可这也不见得是一件好事啊。

他非要骑马，结果就这样了。没事，这没准儿也是好事。

你儿子运气真好，因腿伤躲过了征兵，听说这次上前线的人都死了。

祸兮福所倚，福兮祸所伏呀。

指点迷津
坏事未必都是坏事

我最近倒霉得很，好像被厄运附身了。

坏事未必都是坏事。

坏事不是坏事，还能变成好事不成?

塞翁失马，焉知非福。

面对所谓的"坏事"，我们该如何调整心态?

首先，我们需要理解并接受生活中"福祸相倚"的现实。好事未必是好事，坏事也未必是坏事。当我们获得一个机会时，我们应该意识到这也可能带来一定的挑战和风险;当我们遭遇挫折时，我们也可以从中学到宝贵的经验和教训。

其次，我们需要通过自身的努力和智慧争取改变不好的处境。每个人都会遇到逆境，每一次逆境都是一次成长的机会，与其担心害怕，不如主动出击，化逆境为顺境。

最后，我们需要学会与他人相互理解并相互支持。每个人的生活都不是孤立的，我们也不可能独立完成所有的事情。我们需要家人、朋友、同事的帮助，这种互相帮助的关系，可以使我们的生活更有意义。

失去并非一件坏事

○ **失去并非一件坏事，没有失去就没有自我**

婴儿会认为自己就是全世界，全世界都得为自己服务。但是随着他的成长，他会逐渐发现，世界不是他的，他会经历一系列的失去。正是这些所谓的失去，让他逐渐从"自恋"中走出来，走进真实的世界。

如果这个婴儿无法从早期的自恋状态中走出来，那么他就很容易遭受更大的打击和挫折，然后逐渐迷失自我。

○ **失去并非一件坏事，它可以让我们更好地聚焦拥有的部分**

很多人受"木桶理论"的影响，总是拼命提升自己的短板，但似乎忘了人根本就不是一个木桶，把精力放在擅长的、已经拥有的部分，往往会更有收获。

一个人早点知道自己的短板，绝非一件坏事，因为这样就可以把精力完全用在那些自己可以做好的事情上了。综观各类名人传记，取得成功的人无非两种：要么是很早就知道这辈子要做什么，然后把全部精力投入进去的人；要么是很早就发现自己干其他事都不行，只老老实实地干好一件事的人。

如果不愿面对暂时的痛苦，就会引发持久的受苦。

万事万物本无得失好恶，只是因为人对它们进行了区分。这其实也是一种自恋，这种区分实际上就是希望世间万物按照自己想要的方式运转。

如果我们一开始就能接受这种不如我愿的"失去"，也明白这只是事物发展到一定阶段的自然状态，我们的心态就会好很多。

💡 摩托车丢了未必是坏事

> 听说你家的摩托车丢了。

> 是呀，也不知道被哪个混蛋偷走了，我找遍了都没找到。

> 听说你家的摩托车丢了，还没找到吗？

> 没有，摩托车丢了也未必是件坏事，省得我爸天天骑着出门，这么大岁数了，不安全。

💡 被迫辍学未必全是坏事

> 你恨你父亲吗？

> 当然，要不是他滥赌，我也不会辍学，肯定过得比现在好！

> 你父亲导致你辍学，你心里难过吗？

> 有一点，不过我早一点进入社会锻炼也好。现在，我已经社会大学毕业了。

看得见失去，更要看得见拥有

在得与失之间，大多数人更在意自己失去了什么。他们瞬间燃起的怒火和哀怨，足以使其忽略掉自己所拥有的一切事物，仿佛在此刻自己已经一无所有。可有些时候，握在手中的东西远远比失去的更加重要。

相信我们每一个人都有过失去一些重要或心爱之人或物的经历。比如最心爱的自行车丢了，一起玩到大的朋友渐渐疏远，交往了好几年的恋人提出分手等，这些珍贵的人或物的失去会在我们的心上投下一层阴影，甚至让我们备受折磨。

究其原因，关键在于我们没有调整好自己的心态，我们未能以正确的态度去面对失去。我们只顾着沉溺于已不存在的事物，却在心理上拒绝接受已成事实的"失去"。

其实，与其因为已经丢失的自行车而郁闷，不如考虑重新入手一辆新的；与其因为朋友的背弃而耿耿于怀，不如去结识新的朋友；与其因为恋人的转身离开而眼泪汪汪，不如振作起来，寻找下一段真爱……

聪明人从不会为失去的事物做无谓的慨叹，而让自己空留遗憾。聪明人既看得见失去，更看得见当下所拥有的，并且竭尽全力珍惜所拥有的。失去并不代表着失败，失去后还会有重新拥有的机会，我们与其在拥有和失去中患得患失，不如放平心态，随遇而安，珍惜当下拥有的一切。

故事
公司破产了

亲爱的，你怎么了？一脸心事的样子。

一切都完了，公司破产了，我们家里所有的财产都要被查封了。

做生意哪有不亏钱的？

你的身体也被查封了吗？你几十年的从商经验也被查封了吗？

你懂什么，我们现在什么都没有了！

那倒没有。

你说得对。

那些失去的财富，我们就当作白忙一场，总有一天还会赚回来的，不是吗？

指点迷津
看得见当前所拥有的事物

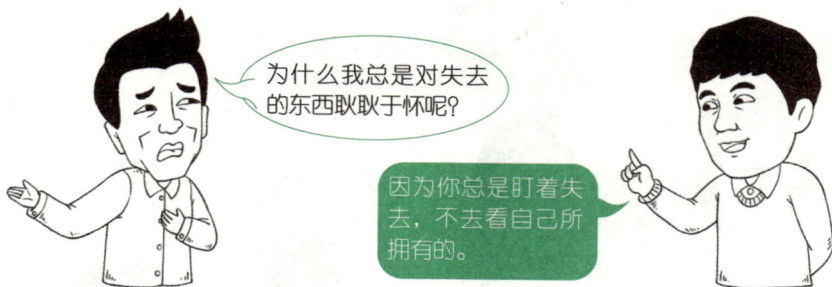

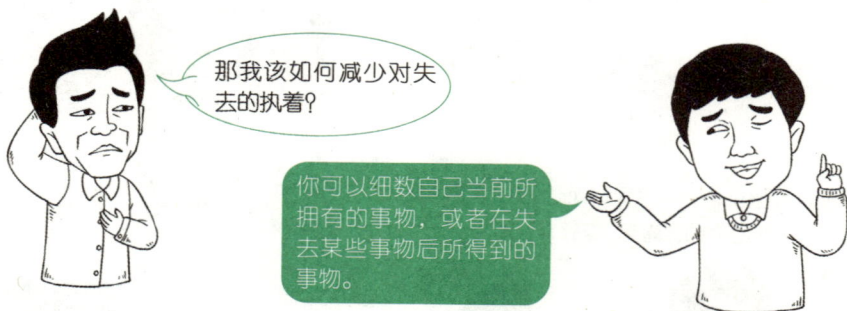

为什么我总是对失去的东西耿耿于怀呢?

因为你总是盯着失去,不去看自己所拥有的。

那我该如何减少对失去的执着?

你可以细数自己当前所拥有的事物,或者在失去某些事物后所得到的事物。

我们该如何珍惜自己所拥有的呢?

时间是生命中最珍贵的财产之一。我们应该学会珍惜每一天,不让人生的重要时刻悄悄溜走。不要太晚才发现我们已经失去了太多宝贵的时光,时光不会给你第二次机会。

信任是我们与他人友好相处的基石,信任是建立情感和相互扶持的基础,信任让我们建立起亲情、友情及其他亲密关系,信任也是我们交流和成长的基础之一。

健康的身体是我们生命的载体。现代人因长时间工作和暴饮暴食,忽略了良好饮食习惯和运动习惯的重要性,从而让自己的身体不堪重负。我们应该立刻开始关注自己的健康,因为身体是革命的本钱。等到失去健康才后悔,可能为时已晚。

态度大挑战
失之东隅，收之桑榆

○ 珍惜拥有的每个瞬间

人、事、物都有失去的可能，与其花时间在担心"失去"上，不如从现在开始珍惜"拥有"的每个瞬间。

比如家人，不要以为他们永远都在，人会老，感情会变，家也可能会散……没有人会永远等着谁，你不珍惜，就会有失去的可能。

有些人总以为跟家人相处的时间还多，趁着年轻就该多努力工作，从而忽略了家人的感受。等到他们终于赚到钱了，也有空了，却发现家人已经一个个离开了：父母因年纪大而去世，妻子因无法忍受孤独而选择了离婚，孩子在青春期叛逆心理的驱使下选择了离家出走……

再忙也不要忽视身边的亲人，要知道"在一起"本就不易，珍惜拥有才能不留遗憾。

○ 有失必有得

人生中总有一些珍贵的东西或机会，会与我们失之交臂。但是，岁月会把"拥有"变为"失去"，也同样会把"失去"变为"拥有"。曾经你所拥有的，可能今天正在失去，而曾经你错过的，可能远远不如你现在所拥有的。

有时候，错过的机会说不定正是今后拥有的起点。我们的视野往往有限，如果不肯错过眼前一些景色，那么很可能就错过了前方更迷人的景色。只有那些善于舍弃，放下"错过"的人，才能真正欣赏到人生的美景。

💡 **错过出国机会，现在的职位也不错**

之前公司提供出国学习的机会，你咋没去呢？

我这不也后悔了，早知道我就不听我爸爸的了。

❌

之前公司提供出国学习的机会，你咋没去呢？

是有点可惜，不过我这几年职位上了几个台阶，也不错。

✔

💡 **错过一套房，现有这套也不错**

听说你之前就打算买这里的房，为啥没买呢？

当初不是没凑够钱吗？现在这里的房子涨了不少呢，后悔呀。

❌

听说你之前就打算买这里的房，为啥没买呢？

当时手头钱不够，现在这套房也不错，住着也挺舒服的。

✔

不要拿别人的错误来惩罚自己

当我们在生气的时候，不妨仔细想一想：那些让自己生气的人会不会同样受到惩罚？很显然，并不会，他们甚至还会因激怒我们而感到得意。所以，我们不应该为一些微不足道的事情而愤怒，否则就是拿别人的错误来惩罚自己。

人与人相处，最不值得的一种模式就是，你崩溃到凌晨四点半，人家一觉睡到自然醒。你因为一场争吵，耿耿于怀，郁闷的心情始终难以平复，但其实人家一点也没放在心上。

在现实生活中，经营自己的最大规则就是要保持自我价值，千万不要因为别人的错误而惩罚自己。即使我们遭遇到背叛或者不公的待遇，也不要让自己沉湎于愤怒和怨恨之中，因为你的一系列负面情绪都是在拿别人的错误来惩罚自己，这样可能正中了别人的下怀。

在歌曲《曾经我也想过一了百了》的热评里，有条令人唏嘘的留言："如果你想死我不拦你，但请你帮我给去年去世的那位朋友捎段话，告诉她，她恨的那家公司还是老样子，排挤她的同事还涨了工资，欺负她的渣男已经结婚了，孩子都3个月了，大家都过得不错。只有她的妈妈总是哭，眼睛都哭坏了，有空记得给她的妈妈托梦……"

人生苦短，别让他人影响你的心情，也别为他人毁掉你的一生。

故事
我不接受的话还给你

你以为道了歉就完事了？你的狗差点就咬到我了，你不需要负责任吗？

你不用这么激动，我的狗狗如果咬到你，我肯定会负责任。

这位小妹妹，你家里来过客人吧？如果客人来了，你会招待他们吗？

那还用问？

那如果客人拒绝吃你做的饭，那饭菜归谁呢？

现在就像是招待客人用餐一样，你站在这里骂了这么多脏话，我不接受，现在它们归你了。

当然归我了，这还用问？

指点迷津
生气就是拿别人的过错惩罚自己

如何才能避免拿别人的错误惩罚自己？

首先，我们需要弄清楚自己的立场和价值观。只有站稳了立场，我们才能不被他人的错误言行影响。当然，我们也需要坚守自己的原则和道义。

其次，我们需要认清一个事实，那就是每个人都会犯错。当你能真心接纳别人错误的时候，你就不会因为别人犯错而大惊小怪，更不会因为别人的过错而惩罚自己。

最后，我们需要换位思考，试着理解别人。别人犯错的时候，是出于什么原因，事后又是什么态度？我们需要的是包容，而不是生气。你越是能镇定自若，越有利于问题的解决。

态度大挑战
常与同好争高下，不与傻瓜论短长

○ 为不值得的人生闷气，是一种折磨

如果一个人长期处于负面情绪的高压之下，对自身的损害是极大的。而为不值得的人生闷气，更是对身心的一种折磨。如果一个人只能为你的生活带来负能量，那么他就是一个不值得的人——不值得你付出真心，也不值得你耗费时间，更不值得你为之生气。

因此，不要为不值得的人生气，不要为不值得的事失眠。

○ 和层次不同的人争辩，是一种消耗

永远不要和层次不同的人争辩，因为他会把你的智商拉到和他一样的水平。和层次不同的人争辩，本就是一场没有意义的口舌之争，若认知不对等，说再多也是枉然。

有人说："夜郎自大，是好辩者的天性，他们经常会把观点的争论，上升为言语的攻击，再把言语的攻击变成肉体的争斗。"这种时候，沉默往往才是最好的辩解，避免争论才能保全自己。不与不同层次的人争辩。理解你的人，你不说自然也会支持你，而对于不懂你的人，争辩只会生出更大的嫌隙。逞口舌之快不算什么本事，过好自己的生活才是重点。

不和无礼之人计较

你就是一个山沟里的乡巴佬。

我是乡巴佬，你又是个什么东西？你爸妈没教过你要懂礼貌吗？

你就是一个山沟里的乡巴佬。

没错，我确实来自山沟，所以呢？

不和醉鬼计较

他就是喝多了，你别和他一般见识。

你听听他说的都是些什么话？搁谁谁不生气。

他就是喝多了，你别和他一般见识。

放心，我是不会和醉鬼计较的。